纪念中国近代第一套地震仪研创成功80周年特辑

积厚成器

中国地震局地球物理研究所自主研制仪器综览

中国地震局地球物理研究所 编

中国城市出版社

图书在版编目（CIP）数据

积厚成器：中国地震局地球物理研究所自主研制仪器综览 / 中国地震局地球物理研究所编. —北京：中国城市出版社，2023.10
ISBN 978-7-5074-3655-6

Ⅰ.①积… Ⅱ.①中… Ⅲ.①地球物理观测仪器 - 介绍 - 中国 Ⅳ.①TH762

中国国家版本馆CIP数据核字（2023）第226271号

责任编辑：刘瑞霞　梁瀛元
责任校对：芦欣甜
责任整理：张惠雯

积厚成器　中国地震局地球物理研究所自主研制仪器综览
中国地震局地球物理研究所　编
*
中国城市出版社出版、发行（北京海淀三里河路9号）
各地新华书店、建筑书店经销
北京思瑞博企业策划有限公司设计制作
天津图文方嘉印刷有限公司印刷
*
开本：889毫米×1194毫米　1/12　印张：5⅔　字数：97千字
2023年11月第一版　2023年11月第一次印刷
定价：69.00元
ISBN 978-7-5074-3655-6
（904673）

序

PREFACE

地球物理学的主要研究对象就是地球。要研究的是地球的各种物理场分布及其变化，要探索的是地球的介质结构、物质组成、形成和演化。

以我们人类绝大部分不足 2 米的身高去认识、了解这个直径 12700 多千米的庞大固体星球，探测其内部结构与构造变形的进程，发现 5.1 亿平方千米土地下的断裂结构和变动，何其难哉？！正如地球物理研究所的第一任所长赵九章先生引用白居易《长恨歌》所形容的那样，“上穷碧落下黄泉，两处茫茫皆不见”。

地球物理仪器就是我们的利器。高精度、高分辨率、高可靠性的地球物理仪器对于地球物理学家来说，就像医生的精良听诊器，密集的地球物理台网就像医生的 CT 机，不过我们的 CT 机要求全年 365 天、每天 24 小时连续地观测。

自 20 世纪 30 年代开始，我国的科学家就一直致力于地球物理观测仪器的自主研制。自 1943 年李善邦先生研创成功我国近代第一套熏烟记录、机械放大的“霓式”地震仪开始，经过几代科研工作者的不懈努力和不断创新，中国地震局地球物理研究所在地球物理观测仪器研制方面取得了一系列璀璨的成果。

80 多年的历程里，地球物理观测技术经历机械、模拟和数字化三个跨越式的阶段发展，地球物理研究所研制的仪器设备也涵盖了地震动测量、地磁场测量和重力场测量等多个学科领域，其中大部分观测设备被广泛地列装到我国地震观测网和地球物理观测网，在一代又一代的观测站网升级中发挥着中坚力量，以独立自主的中国技术为我国地震与地球物理观测作出了卓越的贡献。

“科”之大者，为国为民。为铭记地震人默默无闻洒热血、壮心上下勇求索的情怀，中国地震局地球物理研究所组织梳理了研究所在各个时期主持研制的地球物理观测仪器，编撰成集，以更好地传承研究所老一辈科学家敢为人先的精神，并为从事地球物理观测技术研究和仪器研发的学者提供产品赏析和技术借鉴。

防灾减灾是关系到国家公共安全、人民生命财产安全和经济社会可持续发展的基础性、公益性事业。地球物理观测技术不断向更高效便捷、更安全可靠、更绿色低碳的方向演进，不断融合云计算、大数据、物联网、人工智能、区块链、5G等新一代信息技术，势必持续促进地震基础研究、技术创新、社会服务能力的提升。衷心希望这本图册能不断被续写，坚信我国独立自主的地球物理观测技术将不断发展完善，并将为高质量服务全面建设现代化国家贡献更多的行业力量。

中国地震局地球物理研究所所长

李　丽

2023年6月6日

前言

FOREWORD

地球物理学是一门观测科学，通过对地震、地磁场、重力场、地壳运动等物理现象的观测分析，研究地球内部结构、物理性质和地球表面物理现象，进而揭示地球内部结构及演化过程。因此，高精度和高分辨率的观测仪器是地球物理学发展进程中的"前哨"。

中国地震局地球物理研究所一直致力于地球物理观测仪器研制。自1943年李善邦先生研创成功我国近代第一套熏烟记录、机械放大的"霓式"地震仪开始，经过研究所一大批、几代科研技术人员的不懈努力，地球物理观测仪器研制取得辉煌成果。研发时间从中华人民共和国成立前到跨越21世纪的80多年，技术发展经历机械、模拟和数字化三个阶段，仪器品种涵盖地震动、地磁场和重力场观测仪器，仪器产品广泛应用于地震观测和地球物理观测，极大地推进了我国地球物理观测站、观测网的发展，为我国的地球物理观测与研究作出了卓越的贡献。

正值纪念中国近代第一套地震仪研创成功80周年之际，中国地震局地球物理研究所组织科研人员系统梳理研究所观测仪器研制成果，编写《积厚成器　中国地震局地球物理研究所自主研制仪器综览》，以更好地展示中国地震局地球物理研究所几十年的仪器研制成果，为从事地球物理观测技术研究和仪器研发的科研人员提供产品赏析和技术借鉴。

本综览的仪器产品划分为21世纪前和21世纪后两大部分，按照地震观测仪器、地磁观测仪器、重力观测仪器和辅助测量装置分类，各个类型观测仪器以研发时间为顺序编排。

参加本图册的主要编写人员：滕云田、吴琼、王晓美、胡星星、李彩华、马洁美、范晓勇。

由于编者水平有限，书中难免有疏漏和不妥之处，敬请读者批评和指正。

编　者

2023年6月

第一部分　21世纪前观测仪器

目录

CONTENTS

第二部分 21世纪后观测仪器

纪念中国近代第一套地震仪研创成功 80 周年

第一部分

21世纪前
观测仪器

1.1 地震观测仪器

1.1.1 51 式地震仪

1943 年，李善邦先生主持研创成功我国近代第一套熏烟记录、机械放大式地震仪，最先命名为“霓式（又名 51 式）地震仪”，有互相垂直的两个水平分向，没有附加阻尼装置。1951 年经改进后制成大、小两种类型仪器，分别命名为 51 式（大）地震仪和 51 式（小）地震仪。

图 1.1　霓式地震仪

李善邦（1902 年 10 月 2 日—1980 年 4 月 29 日），出生于广东兴宁，地震学家，中国地震科学事业的开创者，原中国科学院地球物理研究所地震研究室主任。

1930 年在北平西郊创建中国第一个地震台——鹫峰地震台，成为当时世界第一流的地震台。1943 年在重庆北碚研创成功中国第一台近代地震仪——霓式Ⅰ型水平向地震仪，20 世纪 50 年代进一步设计制造了 51 式多种型号的地震仪，并领导建成中国第一批全国地震基本台站，负责提供国家基本建设地震烈度数据，同时编制中国第一幅《全国地震区域划分图》，主编了第一部《中国大地震目录》，为中国地震研究奠定了基础，为中国地震研究工作培养了大批人才。1979 年，完成了 50 万字的巨著《中国地震》，是中国第一部全面论述中国地震兼及全球地震的专著。

图 1.2　51 式（大）地震仪

图 1.3　51 式（小）地震仪

1.1.2　54 式地震仪

1954 年，王耀文主持研制成功利用光杠杆放大并记录的地震仪，但只制造了一种水平分向，经光线反射放大的杠杆作用可将地面运动放大数百倍并记录下来。由于仪器的稳定性不够等原因，未能得到广泛应用。

1.1.3　513 型地震仪

1959 年，许绍燮等在 51 式（霓式）地震仪上加装一个电磁阻尼器，可记录中等强度的地震，是在我国最早沿黄河流域建成的一组台站中使用的主要设备，也称 51 式地震台网。

图 1.4　513 型地震仪

1.1.4 581 型微震仪

1958 年，许绍燮等将电子管放大器应用于地震仪，极大地提高了仪器记录地震的灵敏度，研制成功 581 型地震仪，可以观测到微弱的地震动，这在当时引起了苏联专家的兴趣。581 型地震仪与苏联专家的仪器进行比对观测后，苏联专家不得不信服电子技术在测震仪中应用的优越性与可行性。

图 1.5　581 型微震仪

1.1.5 QZY 型强震仪

1960 年，叶世元等研制成功机械动力式自动触发、光记录加速度强震仪，曾用俄文命名为 YAP 加速度计。该仪器既可安装在地震台记录强震加速度值，又可用于观测人工爆破测量。但是记录天然地震时会有一定启动时间滞后的“丢头”现象。

1.1.6 62 型地震仪

1962 年，琴朝智、林邦佐等研制成功电动型检流计记录地震仪，系统放大率突破 10 万倍级，既为侦察国外地下核试验而用，又为我国地震台站提供观测微震的必要设备，62 型地震仪曾在建设我国第一个有线传输地震台网（638 台网）中发挥了重要作用。

1.1.7 64 型地震仪

1964 年，王耀文、朴成范等研制成功小型化的电动型地震仪，该仪器的电磁换能器设计成既可用自制的 64 型检流计（或市场可购买的 FC6-10 型振子）记录（万倍级放大），又可通过电子放大系统以笔绘方式记录（10 万倍级放大）。前者命名为 64 型地震仪，后者通常随放大器（67 型晶体管放大器，沈梦培等研制）和记录笔（63A 型记录笔，徐敏、万季梅等研制）的型号命名为 473 型地震仪。仪器结构小巧，可记录微弱的和较高频率的地震动，一般应用于区域地震台站。

图 1.6　62 型短周期地震仪

图 1.7　64 型短周期地震仪

1.1.8　65 型拾震器

1965 年，陆其鹄等研制成功便携式水平、垂直两用的 65 型拾震器，该拾震器结构紧凑，能较方便地调整为可记录地面的水平运动或垂直运动，非常适合野外工程振动的测量及地震现场的流动观测。经常配置 67 型晶体管放大器及 63A 型记录笔（或 JFB-II 型记录笔，琴朝智研制）组成 547 型（或 54B 型）地震仪，广泛应用于区域地震台网或流动地震观测，并应用于工业爆破、煤矿塌陷、水库地震等诸多领域。

图 1.8　65 型水平、垂直两用短周期地震计及熏烟笔绘记录系统

1.1.9 DD 系列地震仪

1971 年，琴朝智、沈梦培和徐果明等研制成功新型墨水笔绘记录的 DD-1 型地震仪。该地震仪由 DS-1 型地震拾震器、DF-1 型晶体管积分放大器和 DJ-1 型记录器组成，既没有检流计记录不可见的缺点，又避免了熏烟记录纸在记录前后进行必要处理的麻烦。由于仪器结构设计紧凑简洁，性能稳定可靠，操作方便，故被广泛应用于全国地震基准台网和各地区域地震台网，成为台站的基本设备。此外，该仪器也成为我国援外设备之一（曾出口阿尔巴尼亚、越南、朝鲜等国家）。

1977 年，赵子玉、孟繁喜等针对 DD-1 地震仪存在记录近震初动不清晰、信号失真等问题研制出 DD-2 型地震仪。其拾震器、记录笔采用组合十字簧设计，记录器首次采用电子集成线路，仪器的稳定性、可靠性比 DD-1 有所提高，初动记录清晰。

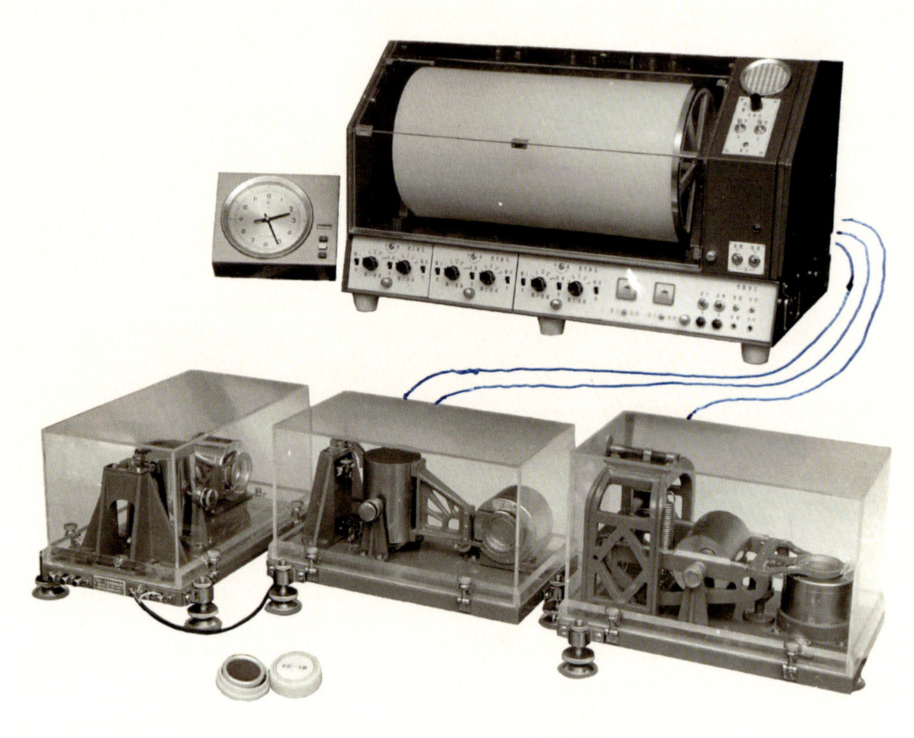

图 1.9 DD-1 型地震仪

1.1.10 DK-1型中长周期地震仪

1973年，赵子玉、赵松年和孟繁喜等研制成功笔绘墨水记录中长周期震动信号的DK-1型地震仪，其KJ-1记录器采用分道滤波五笔记录，除常规的三分向千倍级记录外，还有两道百倍级水平向记录，拓宽了记录地震的范围。该仪器应用于全国地震基准台，对地震速报作出了重要贡献。

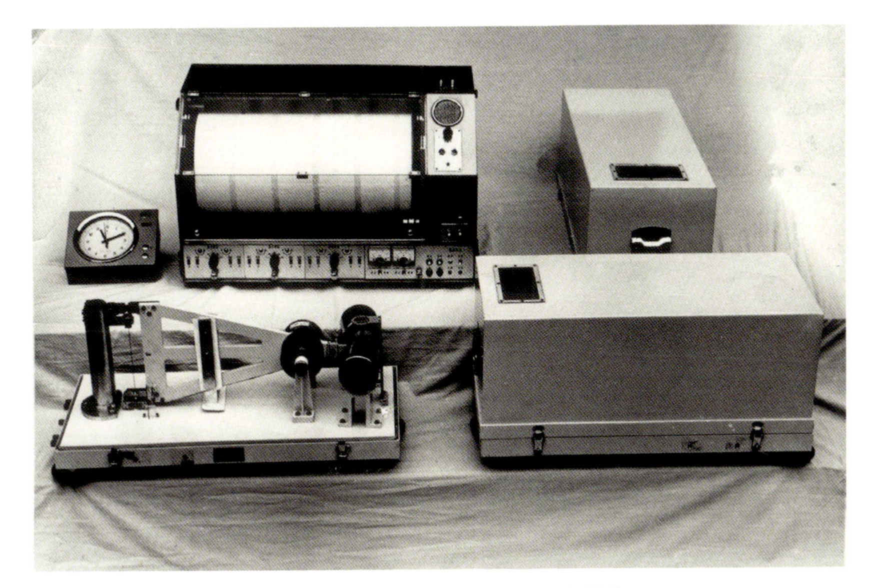

图 1.10 DK-1 型中长周期地震仪

1.1.11 763型长周期地震仪

1976年，琴朝智、张伟清、林邦佐、周新心和徐志法等研制成功电动式检流计记录的763型地震仪。其拾震器的最大固有周期突破了60 s，763型检流计的最大固有摆动周期超过了120 s，系统记录频段首次突破百秒大关，是全国基准地震台网基本设备之一。在我国基准地震台网中，由DD-1型短周期地震仪和763型长周期地震仪组合成的地震观测频段完全等同于世界标准地震观测台网（WWSSN）所具有的性能。

图 1.11 763 型长周期地震仪

1.1.12 768 型大位移长周期地震计

1978 年，琴朝智、张伟清和郑炳钧等为我国电信传输地震台网建设（称作“768 工程”）研制出性能优于 763 型地震仪的大动态范围的地震计，结构小巧，稳定性好，灵敏度高且多量程输出，可遥控或定时自动调整与标定，仪器可记录地动位移达 ± 50 mm。

图 1.12 768 型大位移长周期地震计

1.1.13 CS–1 型电子放大长周期地震仪

1978 年，沈梦培、赵子玉和孟繁喜等研制成功电子放大并能实现遥控调零与标定的长周期地震仪，首次实现了多频段组合特性记录（短周期 – 宽频带及长周期等）。

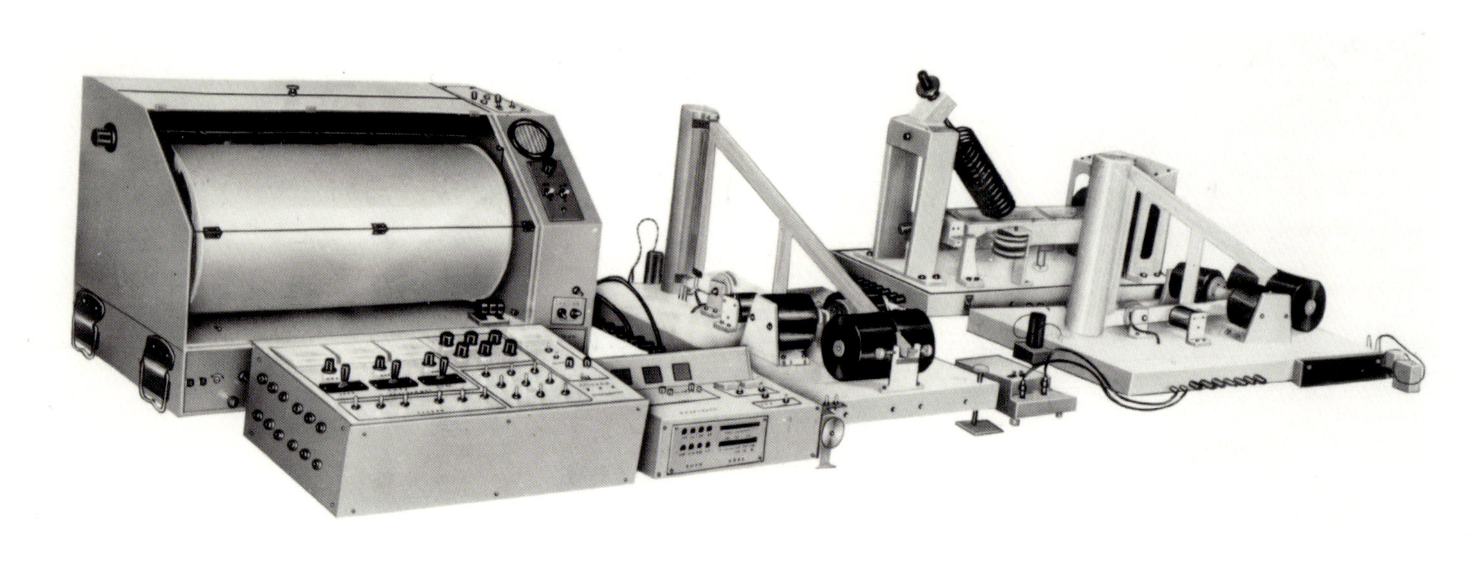

图 1.13 CS–1 型电子放大长周期地震仪

1.1.14 JD-2 型深井地震观测系统

1978 年，李凤杰、周璐璐、王明、周光宇等研制成功 JD-2 型深井地震观测系统，该系统由 4 个部分组成：具有自动调零的三分向拾震器、耐 120 个大气压的密封舱、定向底座和应力解除器。拾震器信号经过放大及调制后传输至地面，再经有线或无线传输到记录中心。对于台基条件很差或地面干扰很大的平原地区及大城市附近井下观测系统发挥了巨大的作用，在中国东部平原地区广泛应用，并在华北、辽河、大庆等各大油田先后建立了深井地震遥测台网，为油田诱发地震研究提供了宝贵资料。

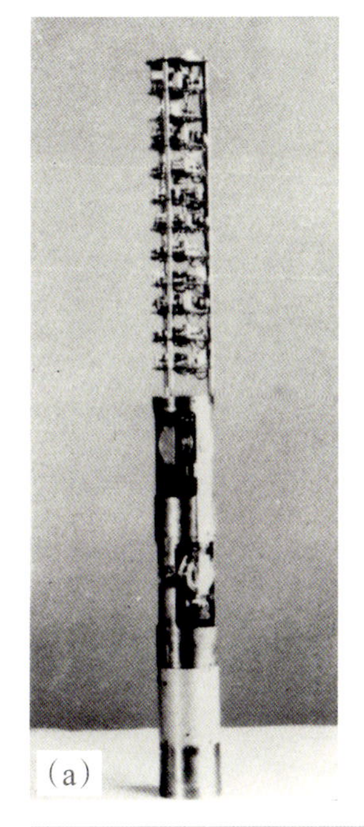
(a)

(b)

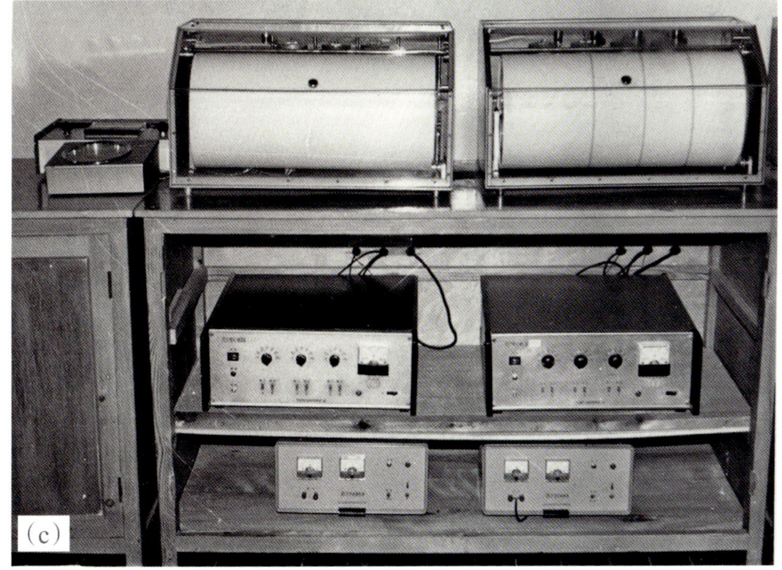
(c)

图 1.14 JD-2 型深井地震观测系统

1.1.15 LD 型流动观测地震仪

20 世纪 70 年代初，倪大来等研制成功轻便、适合流动观测及工程振动测量的 LD 型地震仪，由 LS-1 型拾震器和 LJ-1 型记录器两部分组成，被广泛应用于工程地震领域。

图 1.15 LD 型流动观测地震仪

1.1.16 DW-1 型五倍型强震仪

1973 年，叶林才等研制成功集拾震器和记录器于一体的低倍地震仪。该仪器采用杠杆放大直接记录在一个持续转动的油墨滚筒上，进而转印于一个触发转动的记录介质上进行保存。这种特点的记录方式可以避免一般触发记录需要启动时间所造成的“丢头”现象。

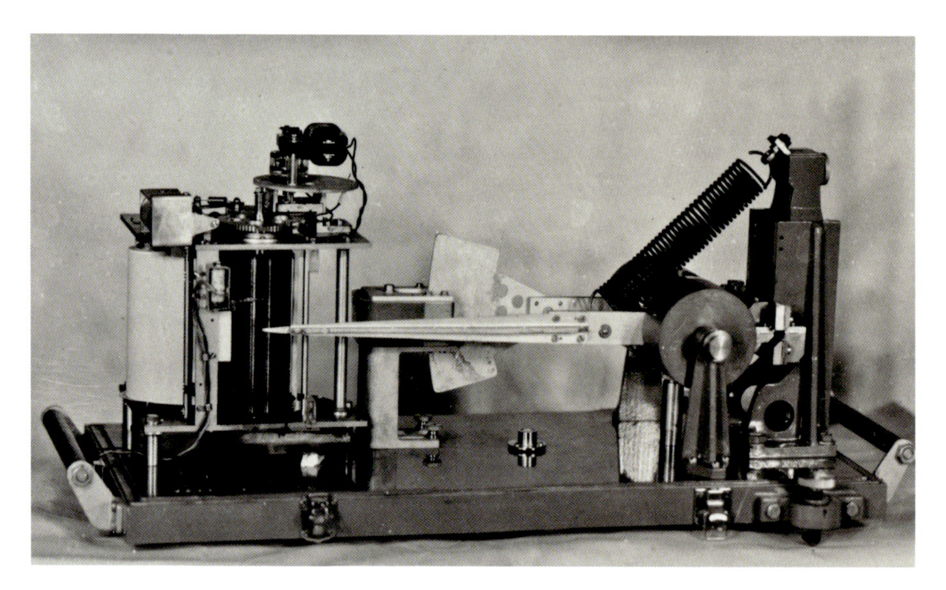

图 1.16 DW-1 型五倍型强震仪（大位移中长周期）

1.1.17 BSO 宽频带地震观测系统

20 世纪 70 年代后期，陈俊良等借鉴美国的地震研究观测系统（SRO），旨在降低长周期频段事件检测的阈值。后因种种原因而中断研制。

1.1.18 KFD 型宽频带地震计

1986 年，叶林才、马庆芸等研制成功采用电子反馈技术的宽频带地震计，仪器体积小、长周期、动态范围大，对环境条件要求低，很适合于地震流动观测。

1.1.19 DJ–1 型地面深井两用地震计

2000 年前后，沈善杰、杨业钰等研制成功三分向一体化的 DJ–1 型地震计。该地震计体积紧凑，既可安装在地面观测，也能密封于容器内放入井下观测，被广泛用于地震台网。

图 1.17 DJ–1 型地面深井两用地震计

1.2 地磁观测仪器

1.2.1 57 型地磁记录仪

20 世纪 50 年代初，为配合国际地球物理年的地磁台站建设与观测的需要，刘庆龄主持，黄鹤岭、汪根方、朱连、毕文达等参与，开始了地磁记录仪的研制。经数年努力，克服许多技术难关，于 1956 年研制成功 57 型地磁记录仪，首批装备“老八台”投入使用，1957 年 7 月 1 日国际地球物理年如期开始观测，57 型地磁记录仪也由此得名。该仪器采用照相记录磁偏角 *D*、水平分量 *H* 和垂直分量 *Z* 地磁三要素的连续变化。

1.2.2 72 型质子旋进地磁记录仪

1972 年，杜陵主持，李春景、王秀山、王建平、王世元等参与，研制成功 72 型地磁记录仪，后来又称 CB2 型地磁记录仪（“CB”是“磁变”汉语拼音的字头）。该仪器记录磁偏角 *D*、水平分量 *H* 和垂直分量 *Z* 地磁三要素的连续变化，被广泛用于国家级地磁台。

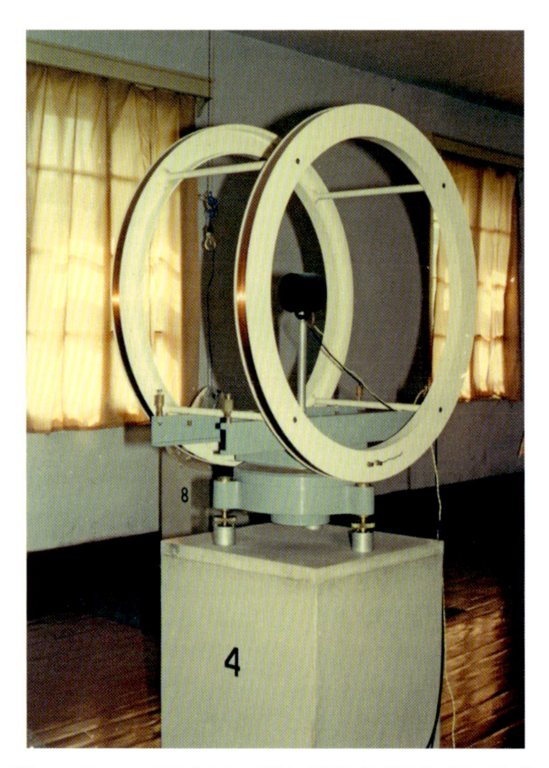

图 1.18　72 型（CB2 型）质子旋进地磁记录仪

1.2.3　磁通门式地磁倾角仪

1973 年，在黄鹤岭、曾治权等于 1968—1970 年间仿制成功的 Askania 感应式磁力仪基础上，顾子明等改装成功 59-11 型磁通门式地磁倾角仪。该仪器测量地磁倾角 I 的绝对值，经在北京地磁台比测，仪器的标准偏差为 ±0.08′，有两台仪器曾在乌鲁木齐地磁台、红山地磁台使用过。

1.2.4　CB3 型地磁记录仪

1976 年，应国家地震局援外任务需要，杜陵主持，王秀山、陈皎芬、王世元等参与，开始研制 CB3 型地磁记录仪，于 1982 年前后批量生产投入地磁台使用。

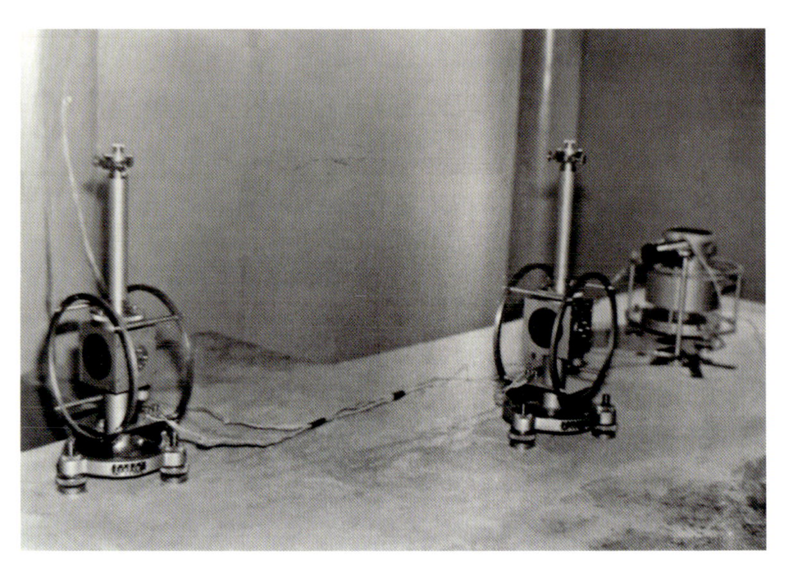

图 1.19　CB3 型地磁记录仪

1.2.5　CJ6 型地磁经纬仪

1980 年前后，杜陵主持，王山、陈皎芬参与，研制成功 CJ6 型地磁经纬仪。该仪器是测量磁偏角 D 和水平分量 H 的绝对值的观测仪器。CJ6 磁力仪由无磁底盘和悬丝管构成。无磁底盘由底座、水平度盘、望远镜及读数系统构成。悬丝管由磁系、吊丝、扭头构成。悬丝管有两只，其中一只供测 *D* 用，金属丝长度 150 mm；另一只供测 *H* 用，石英丝长度 165 mm。为适应地磁台正规化、标准化的需要，CJ6 磁力仪于 1980 年、1982 年先后两次投产，前者具有观测 *D* 和 *H* 的功能，后者只能观测 *D*，其他别无二样。地磁台上已配备由北京地质仪器厂生产的 CHD 型质子磁力仪和北京大学地球物理系生产的直径为 400 mm 的补偿线圈，二者构成质子矢量磁力仪，可测定总强度 *F*、水平分量 *H*（或垂直分量 *Z*），它可以代替 CJ6 磁力仪观测 *H*。所不同的是 1980 年批的 CJ6 磁力仪水平度盘刻度反时针方向读数增加，1982 年批的 CJ6 磁力仪水平度盘顺时针方向读数增加。因此在计算 *D* 时的方法是不同的。CJ6 磁力仪由北京光学仪器厂承制。

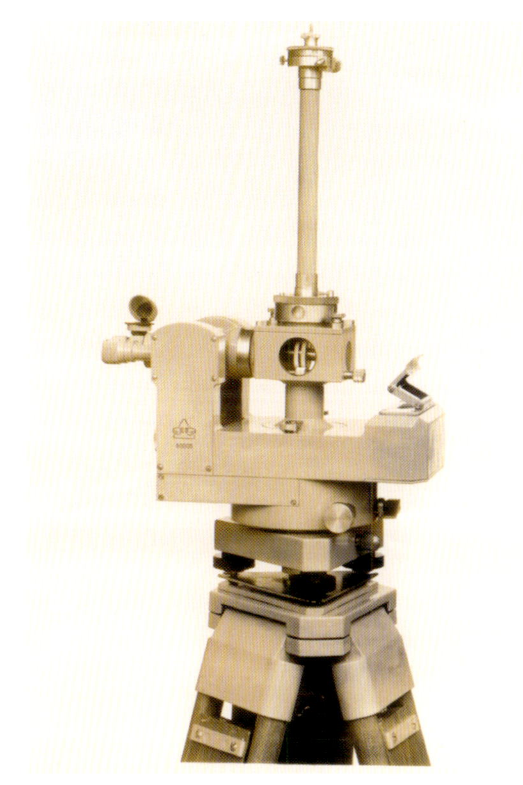

图 1.20　CJ6 型地磁经纬仪（偏角测定管外部）

1.2.6　ZZZ-1 型质子旋进磁力仪

1981 年，周之富主持，顾子明、刘志远、孙晋科、刘庆芳、陆松宝、王成风等参与，开始研制 ZZZ-1 型质子旋进磁力仪，于 1983 年研制成功，经南京、成都、武汉等地的地磁台试用，同年通过验收，由国家地震局地球物理研究所工厂承制。ZZZ-1 质子旋进磁力仪是一种长期、自动测量地磁总强度 *F* 的绝对测量仪，该仪器实现了集成化、数字化、自动化。它具备准确的数字钟、带有计算功能的小型数字打印机，使用灵活，操作简单，稳定可靠。仪器示值分辨力 0.1 nT，观测标准偏差 ±0.25 nT，具有自动测量和手动测量功能。之后升级为 ZZZ-2 型质子旋进磁力仪。

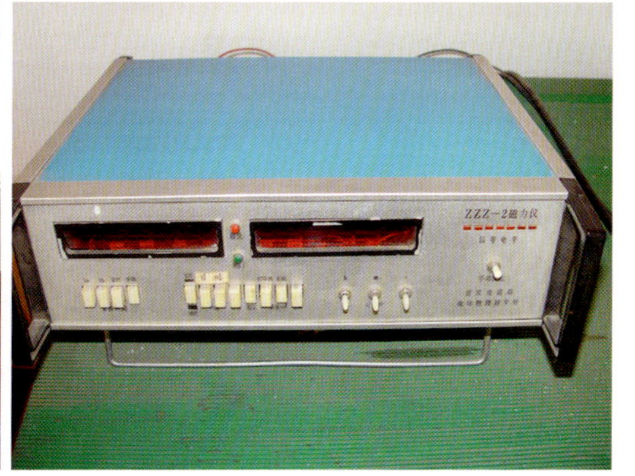

图 1.21　ZZZ-2 型质子旋进磁力仪

1.2.7 DCM-1 型数字地磁脉动观测系统

1982 年，为开展地磁测深及地磁脉动观测工作，周军成、周勋主持，程安龙、安郁秀、韩克礼、郑沙樱、滕台鸿、任道容、冒祖华、姚同起、刘建本、李宣、金海强、刘庆芳、张廉强参与，研制成功 DCM-1 型数字地磁脉动观测系统。该系统由 GM-1 磁通门磁力仪，多路数据采集器、盒式磁带记录与回放器，以及时间服务系统等部分组成，是一种连续记录磁偏角 D、水平分量 H、垂直分量 Z 变化的地磁相对记录仪器，具有大动态、低噪声、高精度、低功耗，以及操作简单、使用方便等特点。系统可直接与计算机接口，也可直接回放。1982—1983 年先后在河北唐山、北戴河和辽宁锦西、庄河等地，以及后来在北京地区布设数字化地磁脉动观测网，取得了丰富的野外观测资料，多次记录了磁暴、磁扰和各种地磁脉动信号。野外观测结果表明，数字记录系统比模拟记录系统具有更多的优越性。

1.2.8 DTZ 系列质子旋进磁力仪

1990—1991 年，顾子明等研制成功 DTZ 系列质子旋进磁力仪。该仪器具有操作简单、性能稳定、故障率低、价格低廉的特点，“DTZ”是“单台质子”汉语拼音的字头。测量总强度 F（±10000 nT），五位读数，最小读数为 1 nT，观测标准偏差不大

图 1.22 DTZ-3 型质子旋进式磁力仪

于 ±1 nT。DTZ-2、DTZ-3、DTZ-4 型质子磁力仪提升读数位数和观测精度，六位读数，最小读数为 0.1 nT，观测标准偏差不大于 ±0.5 nT，带有时间服务和打印记录系统。DTZ 系列质子磁力仪由国家地震局地球物理研究所自行设计、自行生产，广泛用于国家级地磁台。

1.2.9 GM3 型磁通门磁力仪

1998 年，在“九五”科技攻关项目支持下，滕云田主持，周勋、张炼、金海强、李江、马嫣妮参与，研制成功 GM3 型磁通门磁力仪。该仪器成功实现磁偏角 D、水平分量 H、垂直分量 Z 地磁三分量变化测量一体化和数字化，同时监测探头温度 T 的变化，数据采样频率为每秒 1 次，经高斯滤波后产出分钟值。仪器采用数字记录和模拟曲线显示并行工作方式，观测数据存储于电子硬盘，通过 RS232C 串行接口输出。首批 20 台于 2001 年投入地磁台网，开启了我国变化地磁场数字化观测的进程。

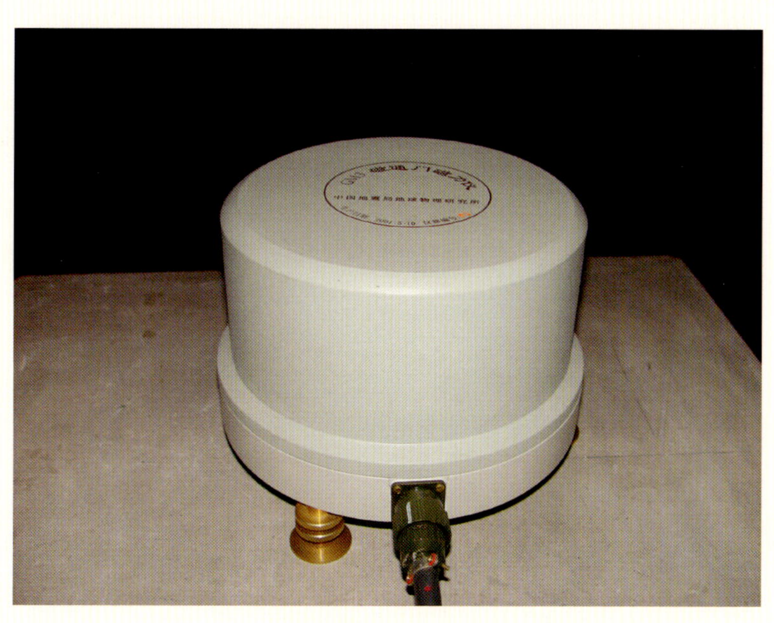

图 1.23　GM3 型磁通门磁力仪（传感器）

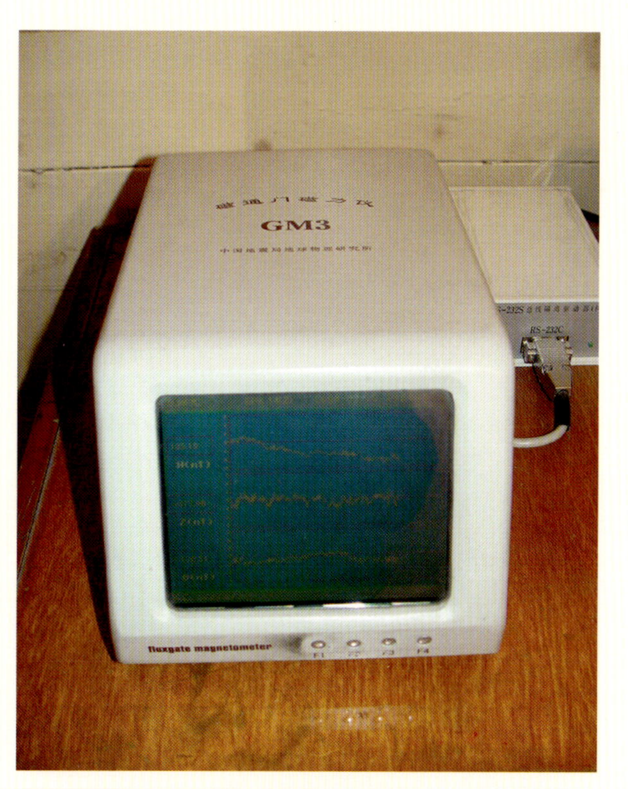

图 1.24　GM3 型磁通门磁力仪（主机）

1.3 采集、记录和传输装备

1.3.1 地震台站时间服务系统

20 世纪 40 年代的地震台靠机械闹钟完成台站计时，用电子管收音机每天收听数千千米外日本授时台的时间信号人工校时提供时间服务。到 20 世纪 30 年代初，许绍燮设计铁木铜时钟温度补偿摆。之后许绍燮和张奕麟等研制成功有温度补偿功能的摆式 60 型标准钟，时间精度达到 0.2 s，改善了台站的计时系统。

20 世纪 60 年代中期，李一正、张孟申等研制成功 SY 系列石英钟，精度优于 0.05 s ~ 0.1 s。1980 年，夏恩山、万季梅等研制成功一种毫秒计，精度优于 0.3 s，其后配套定型为 AST 自动校时系统（系统由 SY-3 石英钟、毫秒计、红灯 733 型收音机组成，以 BPM 授时信号校时），此时地震传输网（768 工程）设计的 768 数字钟站精度可达到 ±5 ms。与此同时，陆其鹄等于 1980 年研制成功的 BZ 型 CMOS 编码数字钟系列通过鉴定，对流动地震观测及室内地震记录均发挥了重要作用。20 世纪 80 年代后期，陈宏水、冯玉华等研制出适合地震台广泛使用的 BSZ-1 型编码数字钟，精度可达 0.002 s ~ 0.003 s。

1.3.2 PTY-8 型地震遥测设备

1977 年，张孟申、周公威等为 768 工程研制成功全晶体管化的调频 8 路地震信号遥测传输设备，主要为传送 0.2 Hz ~ 20 Hz 的短周期地震信号，与适当的调频设备配合，也可同时传输中、长周期地震信号及地震前兆信号。

1.3.3 DTK-25 型台网中心控制台

1977 年，陈宗震等为解决北京电信传输台网的信号集中控制（25 个台站）方案，设计了一个中央控制台，使台网的中心控制检测工作走上正规化。

图 1.25　PTY–8 型地震遥测接收机

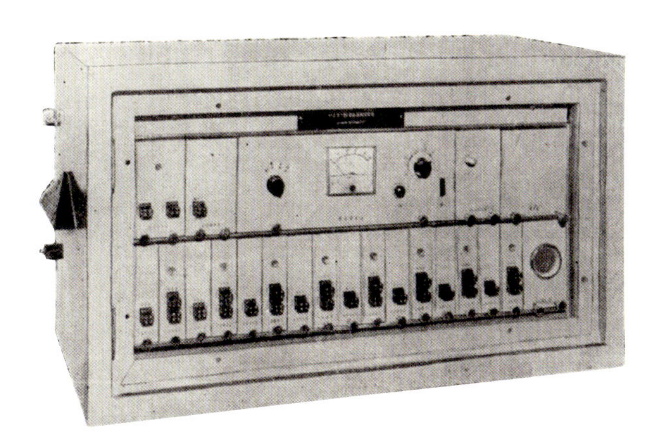

图 1.26　PTY-8 型地震遥测发送机

图 1.27　DTK–25 型台网中心控制台

1.3.4　768 型单路无线地震遥测设备

1978 年，张奕麟、马庆芸等利用一对超短波发射机与接收机组成、直接与地震拾震器相连，研究成功传输 0.5 Hz ~ 25 Hz 的短周期信号的传输设备，也可与相应的遥测设备配合，传输 0.2 Hz ~ 20 Hz 的 CHDB4 码，在地震严重破坏的地区或无法架设传输线路的场所发挥无线传输的优势。

1.3.5　768 型多路数字地震遥测设备

1978 年，陈俊良、廖彦平等采用瞬时浮点放大技术和陷波方法，扩大了遥测设备的动态范围和宽带，提高了观测灵敏度，并采用数字技术有效改善信道传输的抗干扰能力。

1.3.6　CJ–1 型自动换带慢速磁带记录仪

1979 年，滕台鸿、丁绍祥等研制成功记录速度仅 0.6 mm/s、能够自动换带的 CJ–1 型地震信号记录仪。该记录器可连续工作 1 个月，双轨磁头除记录一道地震信号外，同时还可记录台码和时标，这种设备非常适合野外无人值守的地震连续观测。

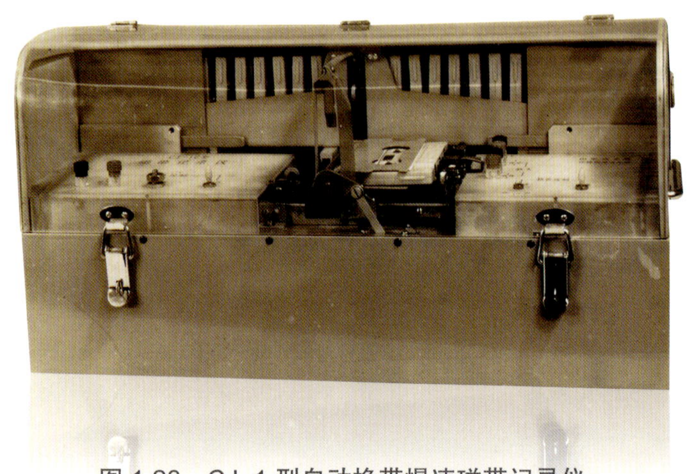

图 1.28　CJ–1 型自动换带慢速磁带记录仪

1.3.7　多道选频地震记录仪

1979 年，石汝斌、王秀文等研制成功以频率划分多路化、单通道磁带触发记录的选频地震记录仪，该仪器不仅可用于地震观测，也适合石油、水电等有关部门使用。

1.3.8　JD–2 型深井地震传输记录系统

周璐璐、林云松、刘秀兰等研制的 JD–2 型深井地震传输记录系统，在华北油田诱发地震观测研究中发挥了重要作用。

1.3.9　井下定向系统

乔蕴芝与李森林利用航天液浮陀螺研制井下定向系统，其精度接近地面用经纬仪测定的方位。

1.3.10　CBY 型磁带爆破地震记录仪

1981 年，郭强绪、沈善杰等研制成功操作简单、成本低廉的野外人工地震观测用的记录系统，系统由 1 台多路调制器和 1 台市售的盒式磁带机构成。拾震器拾取的地震信号经过调制器中的前置放大后进行调频，再将多路载波混合输入磁带机记录。

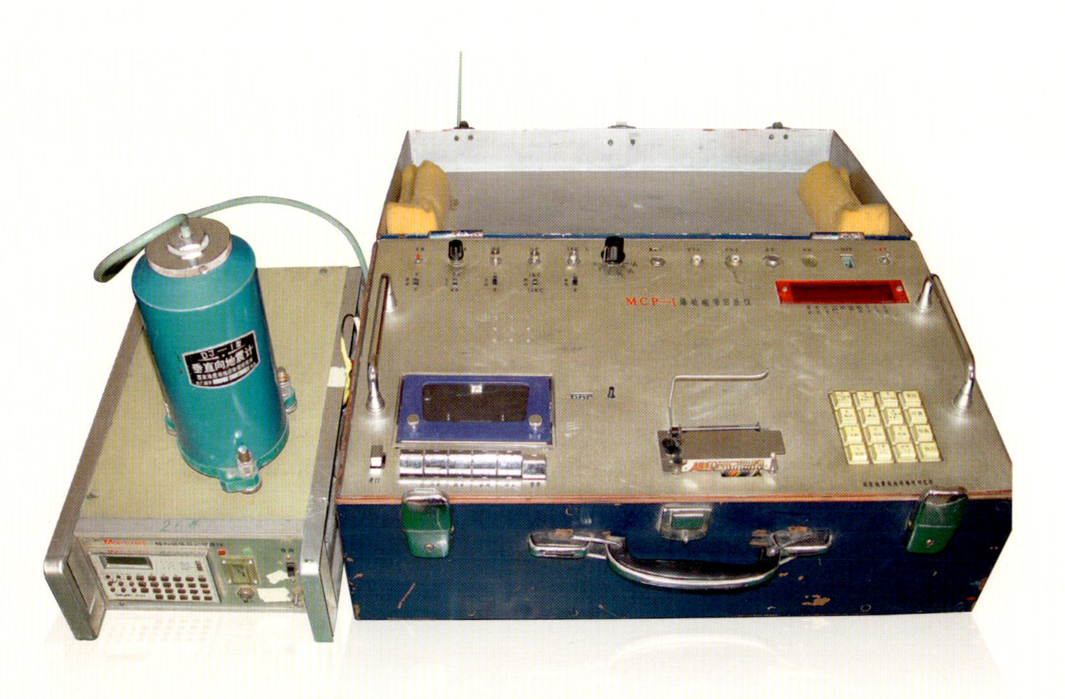

图 1.29　CBY 型磁带爆破地震记录仪（包括摆、调制解调器、磁带回放装置）

1.3.11　长卷胶记录器和 PTY-8 多道记录器

20 世纪 60 年代，沈善杰等研制了 1 套用电影胶片为媒介的长时间连续记录的仪器供实验室使用。1978 年，为 768 工程研制了 1 台 8 道墨水笔绘记录用的自动换纸记录器，广泛用于全国各大遥测台网中心记录室。

1.3.12　K 系列无人值守人工爆破记录仪

1981 年，陆其鹄等为我国地震测深研制 1 套 K 系列仪器，用于无人值守野外观测爆破的记录仪器。其特点是采用调宽技术提高了仪器记录的信噪比，且由于功耗小、重量轻、便于携带和操作，工作稳定、性能可靠，既节省人力又减少开支，提高了工作效率。

第二部分

21世纪后

观测仪器

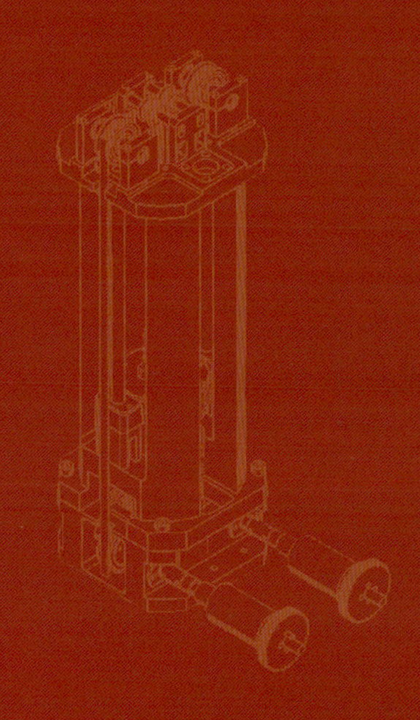

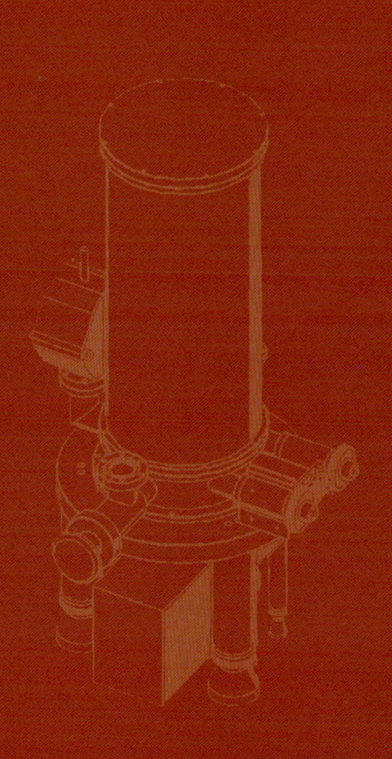

2.1 地震观测仪器

2.1.1 BKD-2A 型宽频带地震计

2000 年前后，滕云田、周鹤鸣等在 BKD 型电子反馈式宽频带地震计的基础上，采用斜三轴均匀布设、电子线路投影变换的结构，研制成功 BKD-2A 型便携式宽频带地震计。该地震计具有观测频带宽、动态范围大、稳定可靠、携带方便等特点，先后经历了 1999 年 8 月黑龙江省五大连池近 2 个月的火山地震流动观测、2000 年 8 月川藏地区人工爆破观测和近 1 年的云南省天然地震观测，体现出良好的工作可靠性和稳定性。

（1）测量原理

BKD-2A 型宽频带地震计的传感部分采用速度换能，由摆体支架、重锤、挂簧、十字簧片构成弹性振动系统，由磁钢、工作主线圈、反馈线圈、标定磁钢、标定线圈等部件构成速度换能系统。单个拾震器采用倾斜轴结构，重锤的运动方向被限制在与大地水平面成 54.7° 倾角方向。

整个地震计由 3 个性能一致的斜倾角拾震器（分别定义为 U、V、W 拾震器）按照 120° 角度间隔均匀固定在圆形底座上，3 个拾震器的倾斜方向都朝向圆心。因此，对 X、Y、Z 3 个正交轴而言，无论是输出信号还是传递函数，均是 U、V、W 3 个拾震器的输出分量值，其中，U 分量的水平投影方向指向地理东向（X）。最后通过电子线路的投影变换输出传统的东西、南北和垂直 3 个分量。

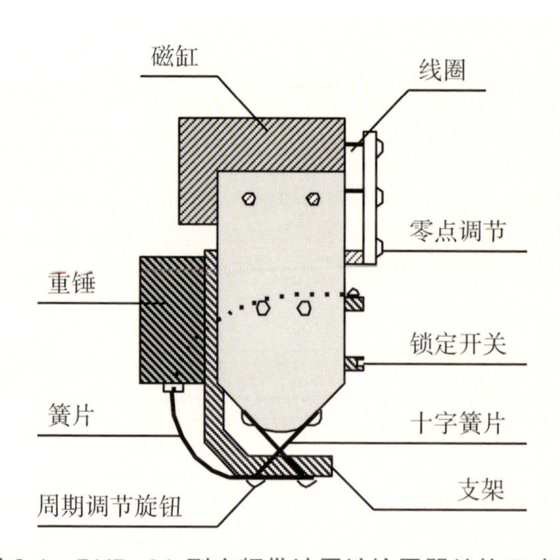

图 2.1　BKD-2A 型宽频带地震计拾震器结构示意图

（2）技术特色

采用动圈换能和电子反馈技术，实现测量频带的拓宽；

斜对称轴设计，3 个拾震器结构完全一致，实现水平向和垂直向传递函数的一致性。

（3）技术指标

带宽：0.1 Hz ~ 50 Hz；

灵敏度：1000 V · s/m（单端）；2000 V · s/m（差分）；

动态范围：大于 140 dB；

线性：<1%；

最大电压输出：差分输出 ±20 V_{p-p}；单端输出 ±10 V_{p-p}；

体积与重量：Φ20 cm × H22 cm，约 6 kg。

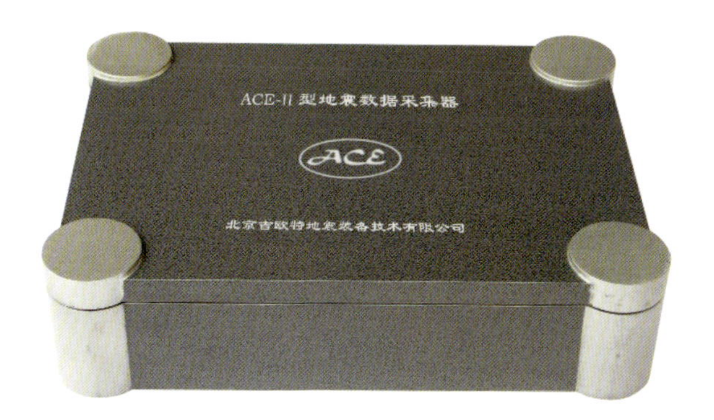

图 2.2 BKD-2A 型宽频带地震计和 ACE-II 型地震数据采集器

2.1.2 MEMS 加速度计

在国家科技支撑计划“城镇地震防灾与应急处置一体化服务系统及其应用示范”（2015—2017）和国家重点研发计划“城市大规模建筑群地震灾害风险智能感知系统研发”（2020—2022）的支持下，胡星星等采用低成本 MEMS 传感器通过并联采集、信号叠加计算的技术路线，研制成功高性价比的 IGP-MEMS-Ⅰ型强震仪和高精度 IGP-MEMS-Ⅲ型地震传感器。

2.1.2.1 IGP-MEMS-I 高性价比型

IGP-MEMS-Ⅰ高性价比型数字强震仪采用多个低成本 MEMS 加速度计，通过并联采集和相关平均提高信噪比 SNR。

（1）测量原理

n 个传感器并联平均后其动态范围可以提高 10 lg$n$（dB），或自噪声可减小（attenuate）至单个传感器的 $1/\sqrt{n}$ 。

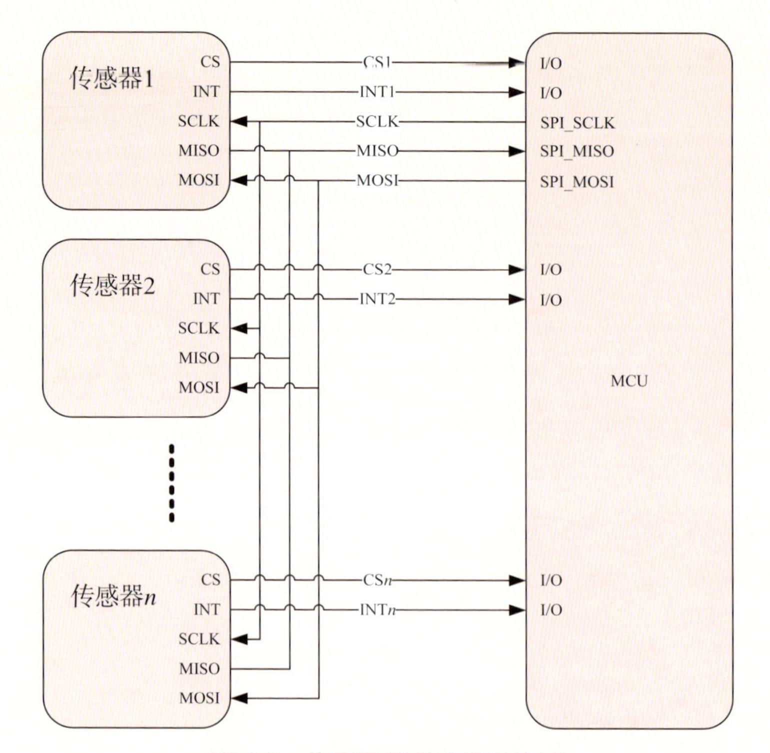

图 2.3　传感器并联连接示意图

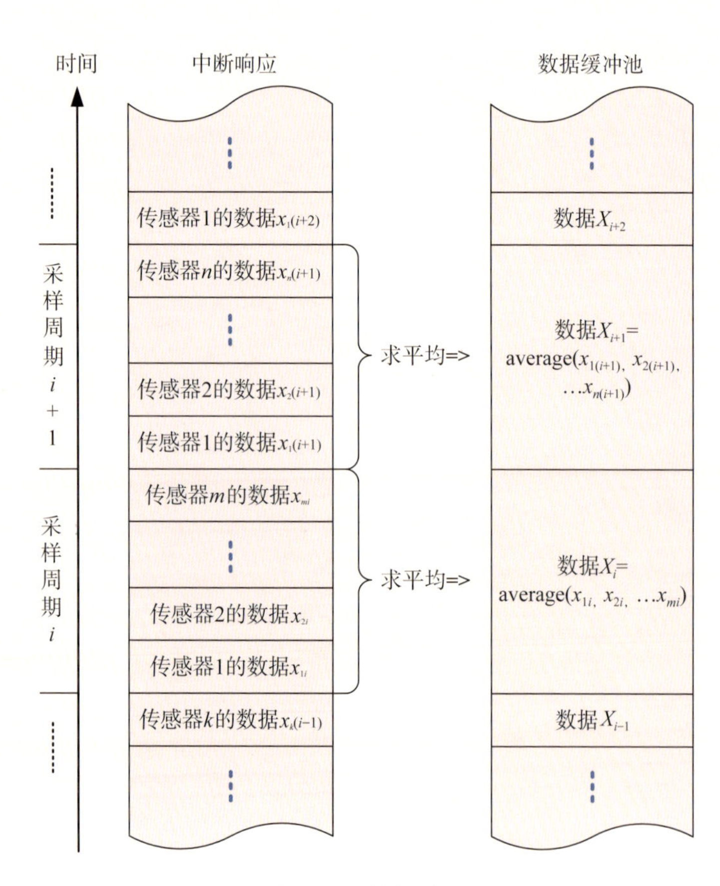

图 2.4　数据读取

（2）技术特色

基于低成本商用 MEMS 传感器；

通过相关平均提高信噪比。

（3）技术指标

IGP-MEMS-Ⅰ技术指标：

测量范围：± 2.5 g；

自噪声（RMS）：0.03 mg@BW0.1 ~ 20 Hz，或 12 μg/ $\sqrt{\text{Hz}}$；

采样频率：50 Hz、100 Hz、200 Hz；

数据存储：32 GB；

校时：GPS/ 北斗；

数据传输接口：RJ45；

功耗：1.5 W。

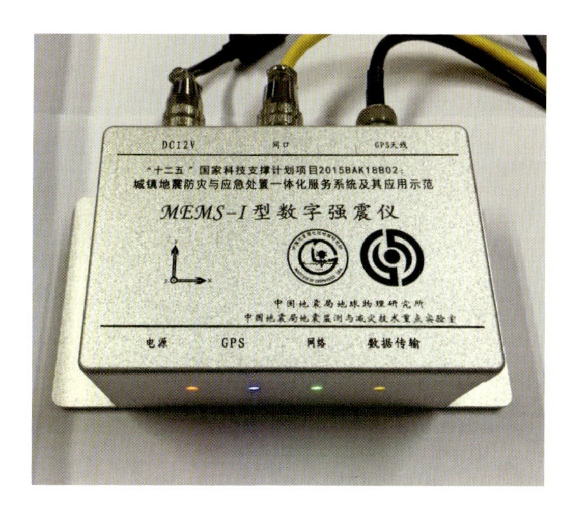

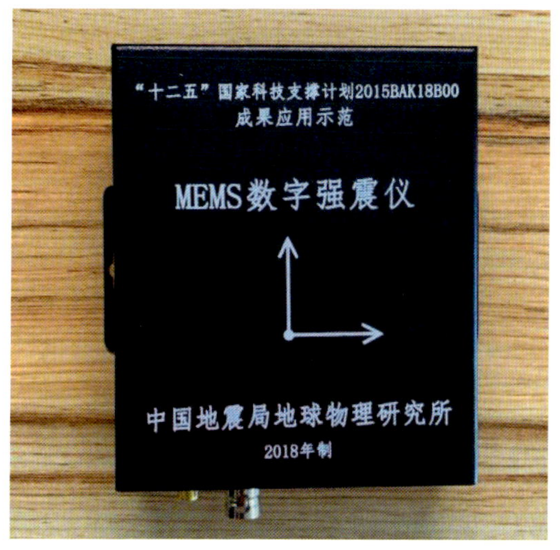

图 2.5　高性价比 IGP-MEMS-Ⅰ数字强震仪

2.1.2.2　IGP-MEMS-Ⅲ高精度型

IGP-MEMS-Ⅲ地震传感器内置高精度 MEMS 加速度计，该 MEMS 加速度计采用基于石英音叉振子的谐振式 MEMS 传感器。通过重物把输入加速度转换为音叉张力，从而改变音叉的谐振频率。对频率计数就可以直接输出数字加速度值，能够实现低噪声、高动态范围的测量。

技术指标

测量物理量：三分量加速度和倾角；

测量范围

加速度：± 15 g；

倾角：± 60°；

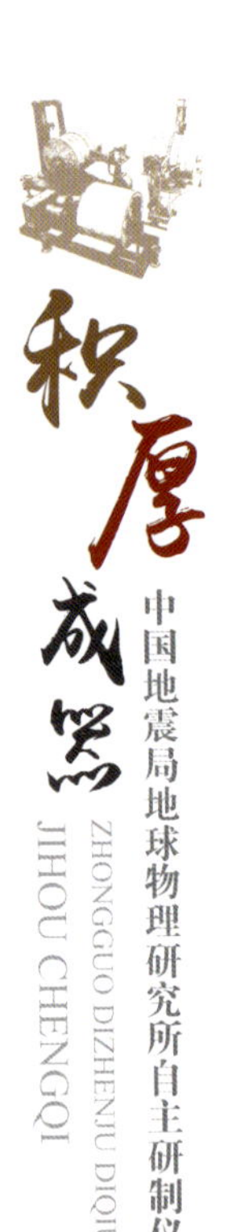

仪器加速度噪声（RMS）：小于 1 μg @BW0.1 ～ 20 Hz；

噪声谱密度

加速度：0.2 μg/ $\sqrt{\text{Hz}}$ @1 Hz；

倾角：0.1146×10^{-6} ° / $\sqrt{\text{Hz}}$；

加速度动态范围：不小于 150 dB；

采样频率：50 Hz、100 Hz、200 Hz；

校时方式：GNSS 或 NTP 网络授时；

频率响应：DC ～ 60 Hz@200 Hz；

非线性：± 0.03%FS；

交叉灵敏度：± 0.2%；

数据传输：网络 RJ45；

供电：DC 9 V ～ 18 V；

功耗：小于 2 W；

功能：远程实时波形监控，FTP 数据远程下载。

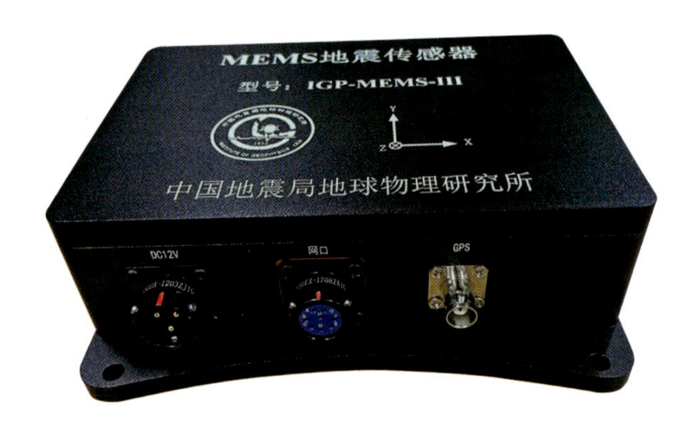

图 2.6　高精度 IGP-MEMS-Ⅲ地震传感器

2.1.3　G1B 型数字化力平衡加速度计

2015 年，在中国地震局地球物理研究所基本科研业务费项目——“力平衡加速度传感网络技术研究”的支持下，李彩华、滕云田、李小军等研制成功 G1B 型数字化力平衡加速度计，实现集加速度传感器、数据采集和有线无线传输于一体的新型加速度计。

（1）测量原理

G1B 型数字化力平衡加速度计，采用三分量正交机械底座完成三分量加速度测量，将加速度传感器的微小振动位移变化转化为差动电容电压变化，并由高精度调制解调电路将高频电压变化转换为低频电压信号。进一步通过三路并行的高精度模数转换电路将模拟电压信号转换为数字电压，经过数字滤波处理、STA/LTA 触发判断等相关计算形成高精度地震动加速度数据记录。

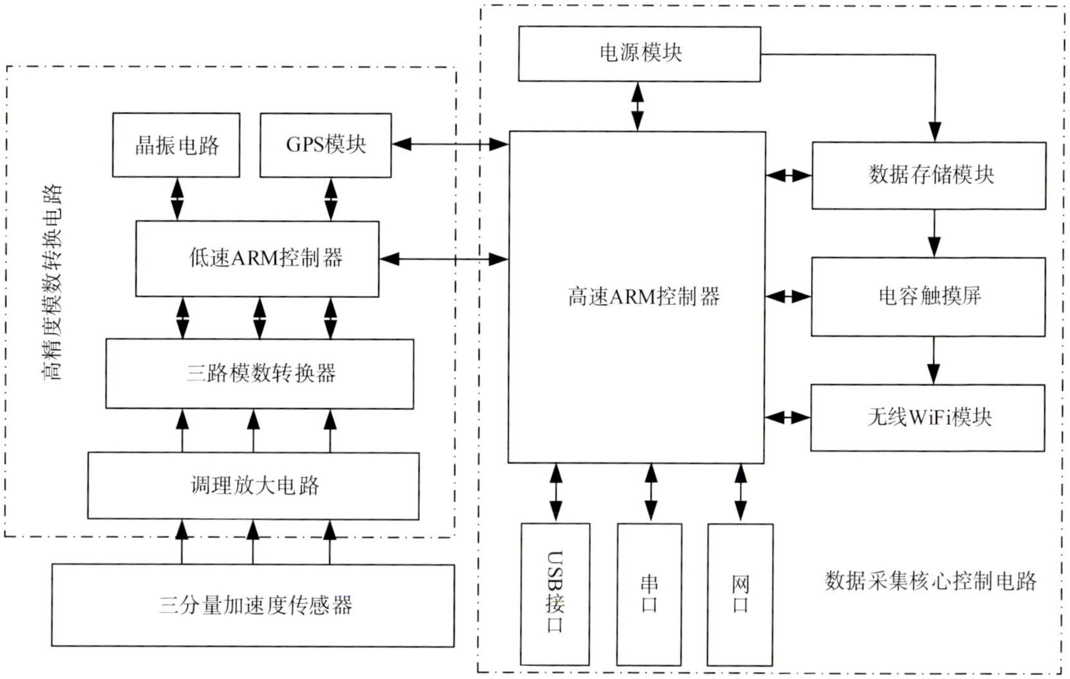

图 2.7　G1B 型数字化力平衡加速度计原理框图

（2）技术特色

三分量加速度传感器、高精度模数转换电路和高速数字处理电路集成设计，使加速度计整机体积小、重量轻，便于携带；

网络化数据通信，支持仪器参数设置、状态获取、实时数据传输、历史数据管理等功能的远程操作；

加速度计实时性好、易操作，各项功能完全满足地震应急流动观测、固定台站长期强震动观测等多种需求。

（3）技术指标

测量范围：±3 g；

频带范围：0 ~ 100 Hz（−3 dB）；

采样频率：50 Hz、100 Hz、200 Hz、400 Hz、1200 Hz 程控可选；

动态范围：优于 130 dB（时域计算）(0.1 Hz ~ 40 Hz@100 Hz)；

优于 140 dB（频域计算）(0.1 Hz ~ 40 Hz@100 Hz)；

存储模式：支持连续存储、触发存储，触发存储模式包含短长比、短长差 2 种，每通道触发值、权重（票数）均可单独设置，每通道触发特征函数可选，总触发权重可设置；

存储空间：128 GB TF 卡，200 Hz 连续采样可存储数据 1.5 年及以上；

时钟源：内部高精度压控晶振、GPS/BDS 授时模块，2 种时钟可选；

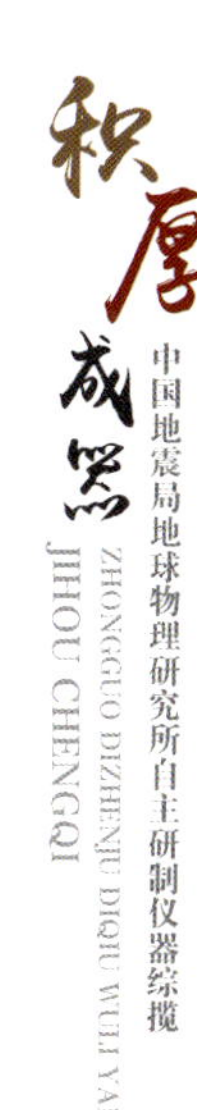

数据传输：支持实时数据流（最小时延、实时显示震动波形最大值、最小值、峰峰值、噪声均方根值等相关信息），支持历史记录传输，支持触发记录传输，支持断点自动续传，支持多点并发传输；

组网方式：支持路由器组网、外置 3G/4G/5G 模块组网、云平台组网；

远程监控：参数设置、状态监控、重启采集等；

电源：DC 9 V ~ 24 V；

功率：整机功率约 3.0 W；

整机：Φ13 cm × H10.0 cm；

重量：1.33 kg。

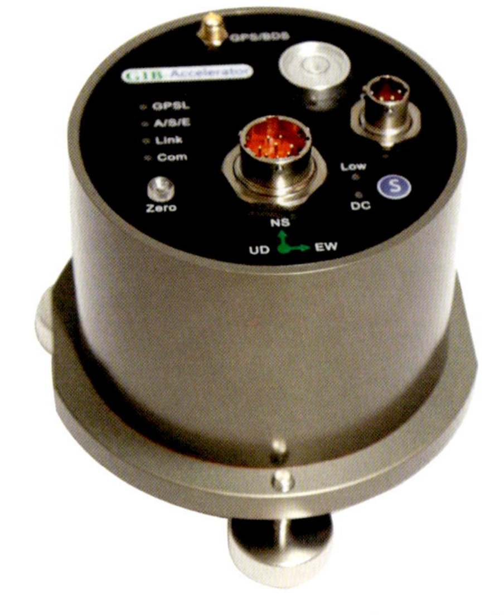

图 2.8 G1B 型数字化力平衡加速度计

2.1.4 BL-03 型三分量力平衡加速度传感器

2015 年，在中国地震局地球物理研究所基本科研业务费项目——“力平衡加速度传感网络技术研究”支持下，李彩华、李小军等研制成功 BL-03 型三分量力平衡加速度传感器。该仪器在目前同类型的产品中，体积最小、质量最轻、使用方便。其测量范围达到 ±3 g、频带范围 0 ~ 100 Hz、动态范围达到 140 dB。

（1）测量原理

BL-03 型三分量力平衡加速度传感器采用三分量正交机械底座完成三轴加速度测量。加速度传感器机械底座以圆环形磁缸及圆柱形永磁铁组成圆环形均匀磁场，精密差动电容带动线圈在均匀磁场中往复运动，实现将微小振动位移变量转化为一定幅值的高频电压变量，并进一步由高精度调制解调电路将高频电压信号转换为低频电压信号，最后由精密放大电路进行电压信号放大输出。

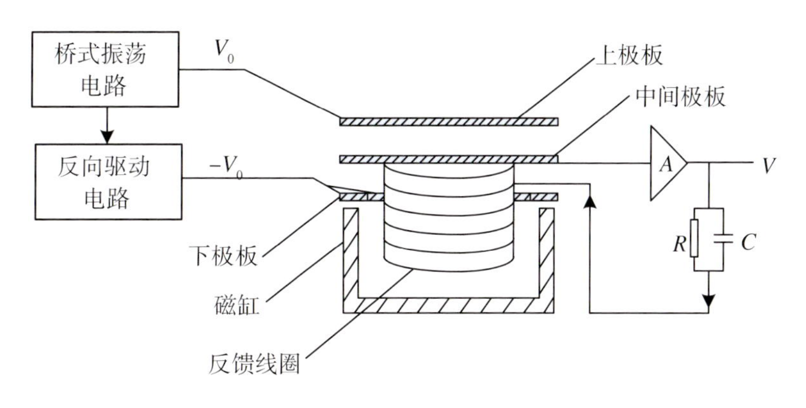

图 2.9　BL-03 型力平衡加速度传感器的原理图

（2）技术特色

采用精密差动电容检测振动信号，传感器机械结构简单、体积小、质量轻、性能稳定、可靠性高；

采用动圈换能和电子反馈技术，实现测量频带的拓宽。

（3）技术指标

灵敏度为：1.25 V/g 或 2.5 V/g，差动输出或单端对地输出；

测量范围：$\pm 3\,g$；

频响范围：0 ～ 100 Hz（−3 dB）；

动态范围：优于 130 dB（时域计算）(0.1 Hz ～ 40 Hz@100 Hz)；

优于 140 dB（频域计算）(0.1 Hz ～ 40 Hz@100 Hz)；

线性度：优于 1%；

噪声均方根值：$0.5 \times 10^{-6}\,g$（典型值）。

图 2.10　BL-03 型三分量力平衡加速度传感器

2.1.5　GT-03d 型井下三分量力平衡加速度传感器

在 BL-03 型三分量力平衡加速度传感器技术基础上，李彩华等研制成功 GT-03d 型井下三分量力平衡加速度传感器。该传感器可在 1000 m 以内的井下正常工作，在目前同类型的产品中体积最小、质量最轻、使用方便。其测量范围达到 $\pm 3\,g$、频带范围 0 ～ 100 Hz、动态范围达到 140 dB。

（1）测量原理

GT-03d 型井下三分量力平衡加速度传感器采用三分量正交机械底座完成三分量加速度测量。加速度传感器机械底座以圆环形磁缸、圆柱形永磁铁组成圆环形均匀磁场，精密差动电容带动线圈在均匀磁场中往复运动，实现

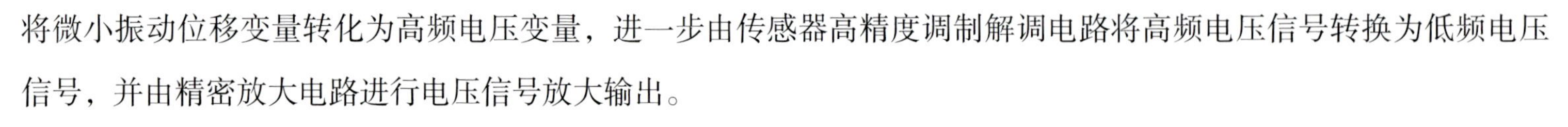

将微小振动位移变量转化为高频电压变量，进一步由传感器高精度调制解调电路将高频电压信号转换为低频电压信号，并由精密放大电路进行电压信号放大输出。

（2）技术特色

采用精密差动电容检测振动信号，传感器机械结构简单、性能稳定、可靠性高。传感器耐高压、体积小、质量轻，完全具有自主知识产权，性能达到国际先进水平；

采用低噪声高稳定性的场效应管作为调制解调开关元件，实现将精密差动电容输出电压信号低漂移解调输出；采用低噪声低漂移的运算放大器进行电压信号调理放大输出及施加反馈驱动，实现力平衡加速度传感器的超平坦幅频特性及宽测量频带；

采用高强度不锈钢进行全防水密封封装，可在井下 1000 m 深度环境下长期工作。传感器内置支持 RS485 串口通信的三轴电子罗盘，可通过偏转角度测量进行井下力传感器的姿态校正，实现井下振动加速度高精度测量。

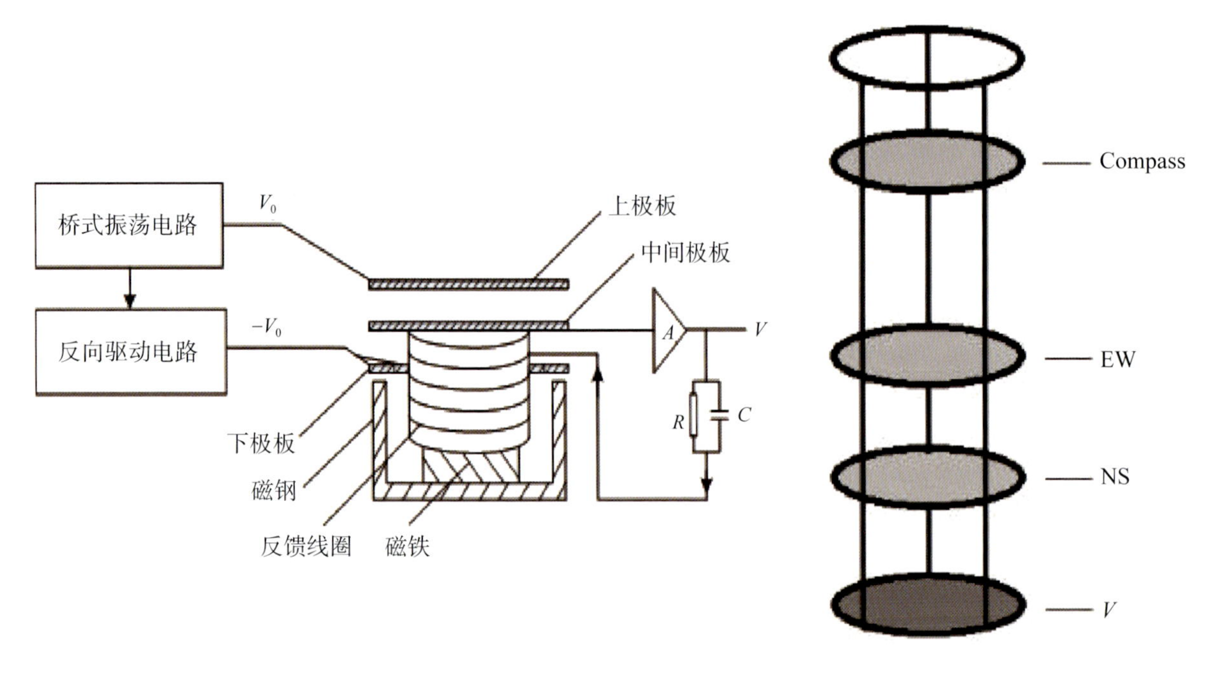

图 2.11 GT-03d 型井下三分量力平衡加速度传感器的测量原理图及结构图

（3）技术指标

灵敏度为：1.25 V/g 或 2.5 V/g，差动输出或单端对地输出；

测量范围：± 3 g；

频响范围：0 ～ 100 Hz（−3 dB）；

动态范围：优于 130 dB（时域计算）(0.1 Hz ～ 40 Hz@100 Hz)；

优于 140 dB（频域计算）(0.1 Hz ～ 40 Hz@100 Hz)；

线性度：优于 1%；

噪声均方根值：$0.5\times10^{-6}\,g$（典型值）；

罗盘指标：内置三维电子罗盘；

角度误差 <1°；

通信模式 RS485；

尺　寸：Φ80 mm × H440 mm（线缆输出）；

重　量：约 8 kg（不含线缆）。

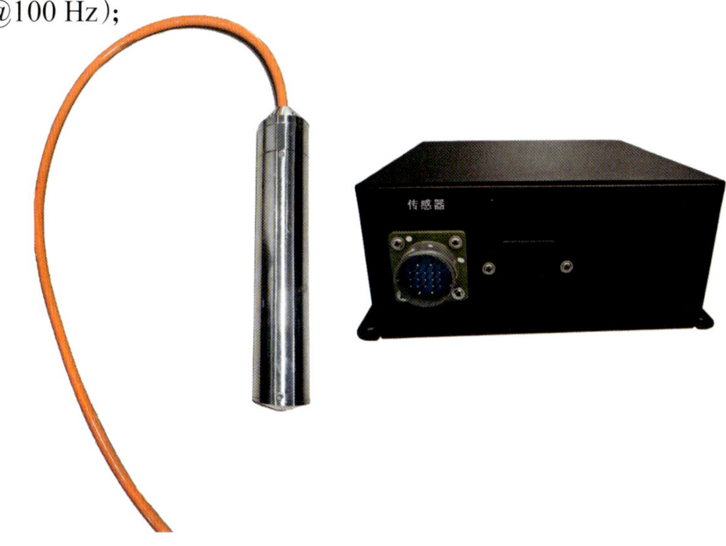

图 2.12　GT-03d 型井下三分量力平衡加速度传感器

2.2 地磁观测仪器

2.2.1 GM4 型磁通门磁力仪

在“十五”科技攻关项目支持下，滕云田主持，王晓美、王晨和张炼等参与，基于 GM3 型磁通门磁力仪的研究基础，在传感器小型化、磁场自动化补偿、网络化通信等关键技术上取得突破，成功升级为 GM4 型磁通门磁力仪，广泛应用于“十五”的“中国数字地震观测网络”之“中国地磁台网”和国家重大科学工程项目子午工程的“地磁（电）子系统”中。

（1）测量原理

利用高磁导率材料在交变磁场的饱和激励下，其磁感应强度与外磁场强度呈非线性，其缠绕在磁芯上的感应线圈的感应电动势与外磁场成一定函数关系的原理，研制具有测量磁场强度大小和方向的传感器。将 3 个传感器正交组合，可用于观测地磁场南北、东西和垂直三分量的变化值。

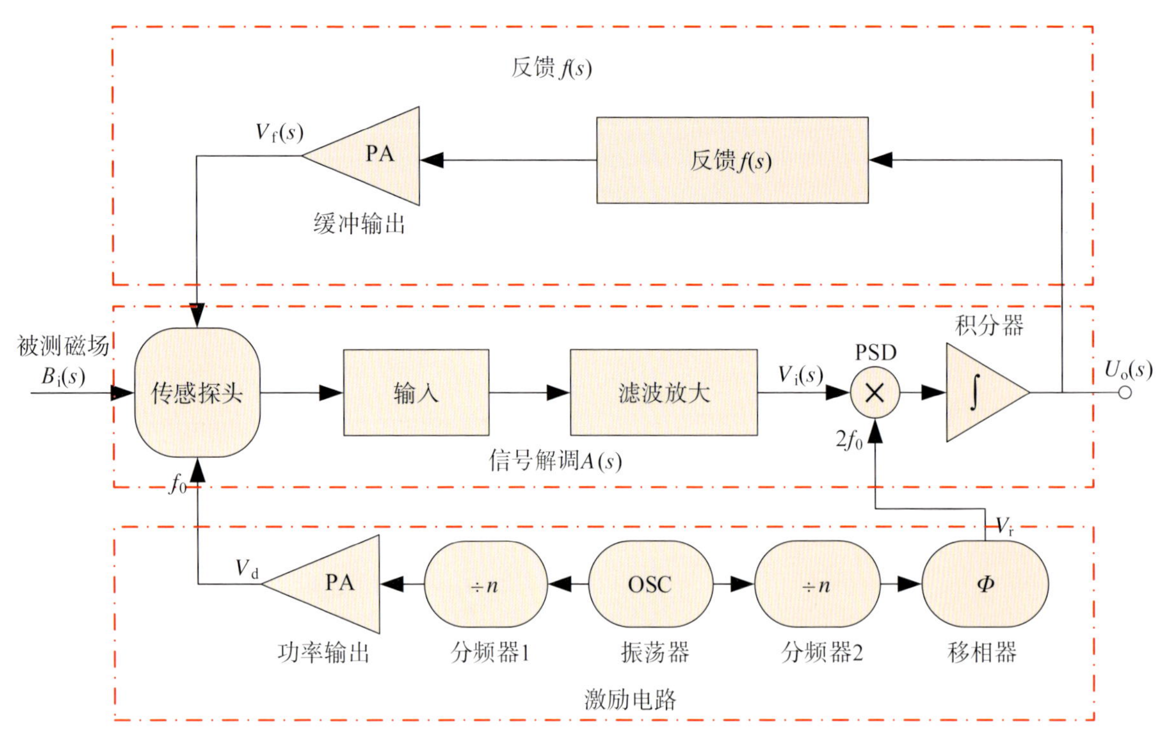

图 2.13　磁通门磁力仪测量电路原理框图

（2）技术特色

采用可控的数模转换设计，实现地磁场自动补偿；

磁通门传感器、模拟信号调理电路和数字化主机分离设计，使传感器和模拟电路装置同时安装运行于具有温度保护功能的磁房内，尽可能降低仪器温度漂移；

网络化数据通信，实现仪器磁场补偿、参数设置、标定和校时等功能的远程控制。

（3）技术指标

工作模式：绝对（总量）测量、相对记录；

观测分量：*H*、*Z*、*D* 地磁场三分量和温度 *T*；

噪声（RMS）：小于 0.05 nT；

最大允许误差：≤ ±（0.5% 读数 +0.5）nT；

测量范围：−2500 nT ~ 2500 nT；

频带宽度：DC ~ 0.3 Hz；

D 分量零偏：≤ 20 nT；

温度系数：小于 1 nT/℃；

A/D 模数转换：24 bits；

采样频率：1 Hz；

示值分辨力：0.01 nT；

通信接口：RJ45；

工作环境温度：-10 ℃ ~ 40 ℃。

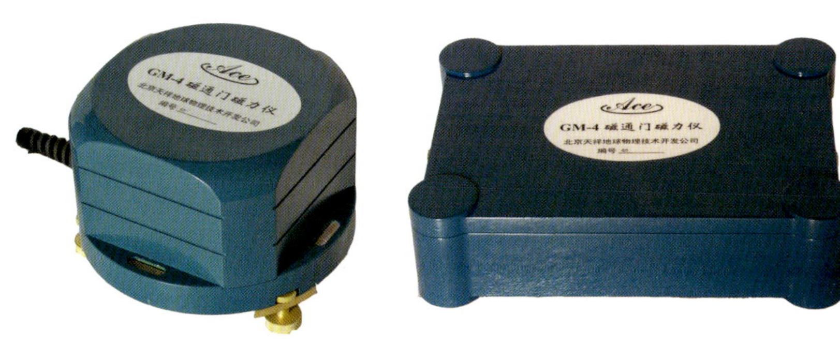

图 2.14　GM4 型磁通门磁力仪传感器及模拟装置

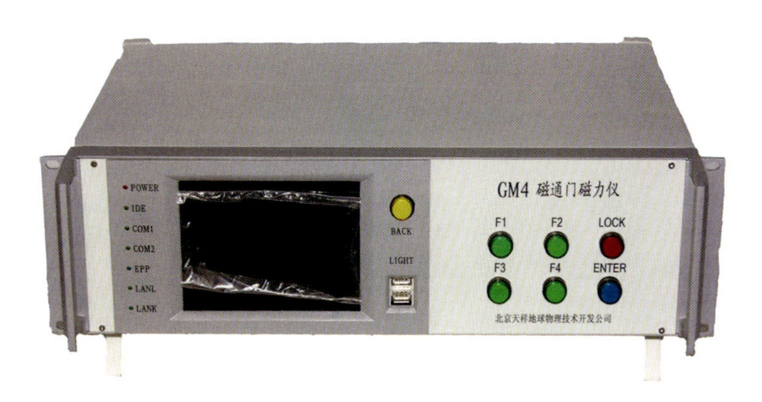

图 2.15　GM4 型磁通门磁力仪测量主机

2.2.2　FHDZ-M15 型地磁总场与分量组合观测系统

在“十五”的“中国数字地震观测网络”工程支持下，滕云田、张炼、王晨、王晓美等研制成功 M15 型地磁总场与分量组合观测系统，自动化观测地磁总强度 F 绝对值和水平分量 H、偏角分量 D 和垂直分量 Z 的相对变化，并生产 28 套应用于我国地磁台网的地磁基准台。利用 M15 型观测系统接入的 2 套磁传感器，分别为秒采样的 OVERHAUSER 磁探头和磁通门传感器，进行观测数据的采集和存储。

（1）测量原理

地磁总场与分量组合观测模式可以同时获得多分量地磁场观测值，并且两个磁探头互相标定，提高观测数据的质量和可靠性。

$$\delta = F - P = F - \sqrt{H^2+D^2+Z^2}$$

其中，F 为磁探头输出的地磁总强度观测值，H、D、Z 分别为矢量磁探头输出的地磁场分量观测值，P 为通过矢量磁探头输出的正交三分量磁场值合成总强度值，δ 为标量磁探头输出总强度和矢量磁探头合成总强度的差值。如果 2 个磁探头工作均正常且性能稳定，则 δ 应为一恒定值。

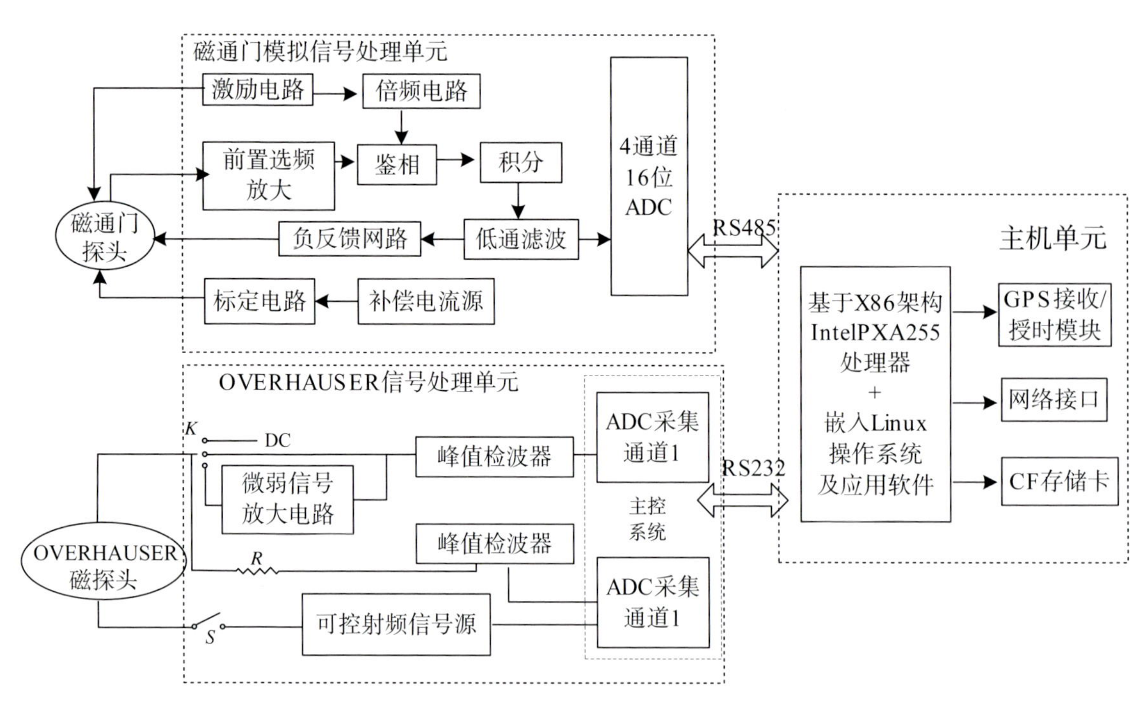

图 2.16　FHDZ-M15 型观测系统电路原理框图

（2）技术特色

集成 OVERHAUSER 磁探头和磁通门传感器，实现地磁总场与分量组合获得多分量地磁场观测值；地磁总强度与分量实时计算检验，动态监视仪器运行数据异常情况。

（3）技术指标

磁通门传感器：

观测分量：H、Z、D 地磁场三分量和温度 T；

噪声（RMS）：小于 0.05 nT；

最大允许误差：≤ ±（0.5% 读数 +0.5）nT；

测量范围：−2500 nT ～ 2500 nT；

温度系数：小于 1 nT/℃；

采样频率：1 Hz；

示值分辨力：0.01 nT；

通信接口：RS485；

OVERHAUSER 传感器：

观测分量：地磁总强度 F；

测量范围：20000 nT ～ 100000 nT；

噪声（RMS）：优于 0.05 nT；

最大允许误差：≤ ±0.5 nT；

采样频率：1 Hz；

示值分辨力：0.01 nT；

通信接口：RS232；

主机：

串行接口通信速率：不低于 9600 bps；

守时精度：优于 100 ms/d；

平均功耗：小于 5 W；

通信接口：RJ45；

数据存储：4G CF；

供电电源：220 VAC、12 V（9 V ～ 18 V）直流电源，交 / 直流自动切换；

工作环境温度：-10 ℃～ 40 ℃，相对湿度不低于 85%。

图 2.17　FHDZ-M15 型观测系统传感器（左图为 FGE 型磁通门传感器，右图为 GSM90F1 OVERHAUSER 磁探头）

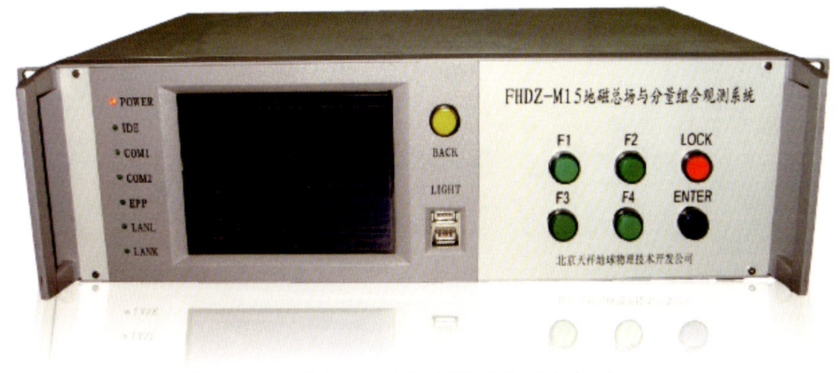

图 2.18　FHDZ-M15 型观测系统主机

2.2.3　GM4-LD 型便携式磁通门磁力仪

在“十一五”科技攻关项目支持下，滕云田主持，王晓美、王晨和张炼等参与，基于 GM4 型磁通门磁力仪的技术基础，开展传感器小型化、传感器与模拟电路一体化、无线组网和地埋式安装等技术攻关，研制成功 GM4-LD 型便携式磁通门磁力仪，应用于“十五”的“中国数字地震观测网络”的“四川西昌地震前兆台阵”和“甘肃天祝地震前兆台阵”，后续在安徽、云南、山西、新疆等地开展震情监测的小规模磁通门磁力仪台阵中广泛应用。

（1）测量原理

基于 GM4 型磁通门磁力仪的测量原理，整合模数转换、整机测量控制功能，实现测量装置一体化设计，是针对流动地磁场矢量观测需求而设计的测量仪器。

（2）技术特色

传感器与模拟电路一体化；

小型化、低功耗、便携式；

防水防潮，适用于流动地磁测量。

（3）技术指标

工作模式：绝对（总量）测量、相对记录；

观测分量：*H*、*Z*、*D* 地磁场三分量和温度 *T*；

噪声（RMS）：小于 0.05 nT；

最大允许误差：≤ ±（0.5% 读数 +0.5）nT；

测量范围：−2500 nT ～ 2500 nT；

频带宽度：DC ～ 0.3 Hz；

D 分量零偏：≤ 20 nT；

温度系数：小于 1 nT/℃；

A/D 模数转换：24 bits；

采样频率：1 Hz；

示值分辨力：0.01 nT；

通信接口：RJ45；

工作环境温度：−10 ℃ ～ 40 ℃。

图 2.19　GM4-LD 型磁通门磁力仪传感器及测量装置

2.2.4 GM5 型磁通门磁力仪

在国家重点研发计划“新型便携式地震监测设备研发”、中国地震局地球物理研究所基本科研业务费重点专项项目“井下地磁观测技术研究”及地磁观测科研实践等研究成果的基础上，胡星星等研制了 GM5 高精度磁通门磁力仪，并于 2022 年 11 月通过中国地震台网中心地震监测专业设备定型测试。

（1）测量原理

GM5 型磁通门磁力仪采用 1J86 型坡莫合金软磁材料，基于磁通门测量原理研制而成，主要由传感器探头、采集器、主机三部分组成。采集器负责信号解调并转换为数字信号输出，主机主要完成校时、存储、网络传输等功能。

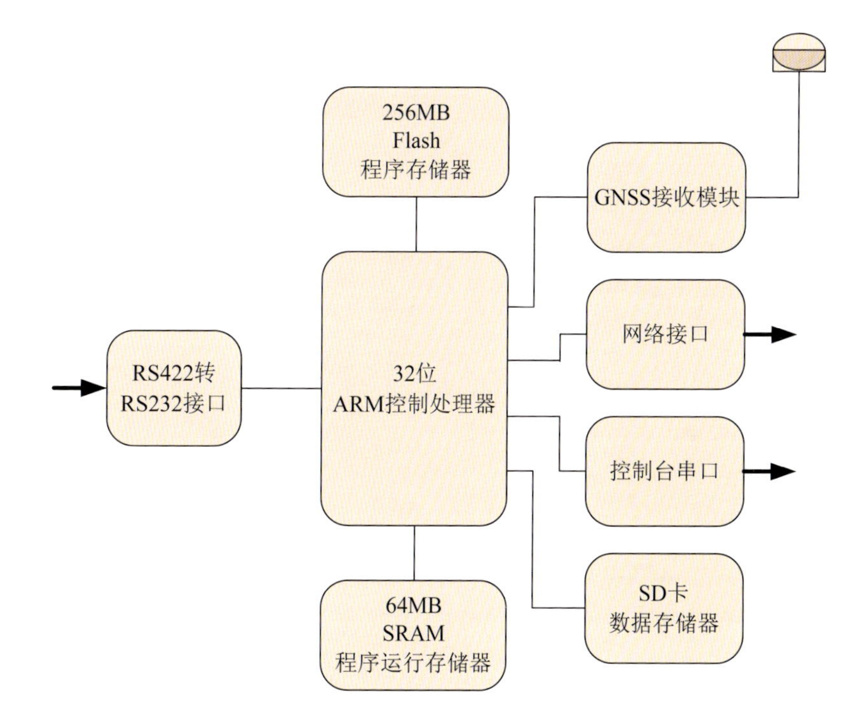

图 2.20　GM5 型磁通门磁力仪主机电路原理框图

（2）技术特色

单片机激励信号产生电路，获得高稳定探头激励信号和实现精密移相功能；

精密信号解调电路，实现磁通门超低自噪声；

高精度模数转换电路，实现大动态范围测量，测量时无需进行背景磁场补偿；

ARM+Linux 嵌入式主机，实现工作稳定、低功耗特性。

（3）技术指标

测量分量：D、H、Z 地磁场正交三分量和温度 T；

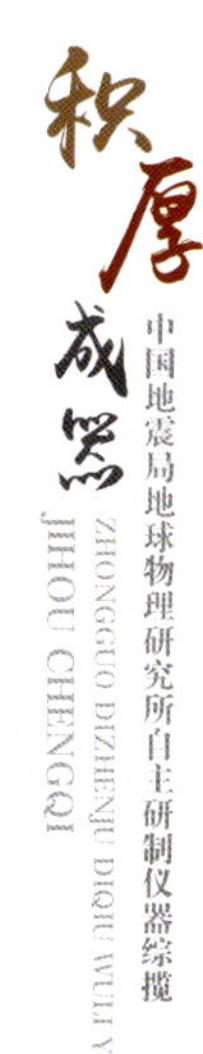

测量范围：*H*、*Z* 分量不小于 0 ～ ± 65000 nT，*D* 分量不小于 0 ～ ± 2500 nT；

背景磁场补偿方式：按指令自动补偿；

示值分辨力：0.01 nT；

噪声（RMS）：小于 0.02 nT；

温度系数：小于 1 nT/℃；

测量准确度：优于 5‰；

频带宽度：不小于 0 ～ 0.3 Hz；

A/D 模数转换：24 bits；

采样频率：1 Hz；

数据存储：不少于 30 d；

通信接口：10/100 M 以太网接口；

校时方式：GPS/BDS 授时；

供电电源：AC 220 V，或 DC 12 V ～ 24 V；

通信接口：具备标准以太网 RJ45 接口。

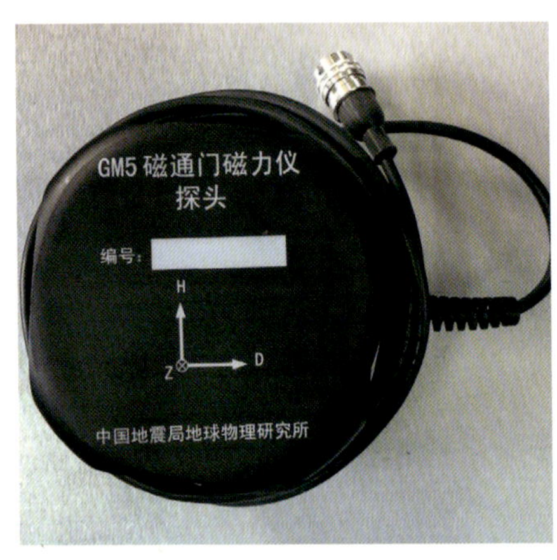

图 2.21　GM5 型磁通门磁力仪

2.2.5 SCM-01 型感应式磁力仪

在“十一五”国家科技支撑项目支持下，王晓美等研制成功 SCM-01 型感应式磁力仪，其噪声优于 10 pT/$\sqrt{\text{Hz}}$、频带宽度为 0.03 Hz ~ 10 Hz。感应式磁力仪以高分辨率、低噪声、宽频带等优点捕捉地震电磁异常信息，对探测区域进行南北、东西 2 个水平分量和 1 个垂直分量的磁信号监测，并可用于地磁场亚暴的爆发与传播相关磁场分量的测量。

（1）测量原理

基于法拉第电磁感应原理，通过测量缠绕在磁芯的感应线圈上的感应电压来测量交变磁场的强度。感应线圈中的感应电压大小由传感器自身的结构、材料（磁芯截面面积、线圈匝数、有效磁导率）和被测信号的频率等因素决定。通过在高磁导率磁芯上缠绕几十万匝感应线圈，在有效减小传感器体积的条件下，提高传感器的灵敏度。

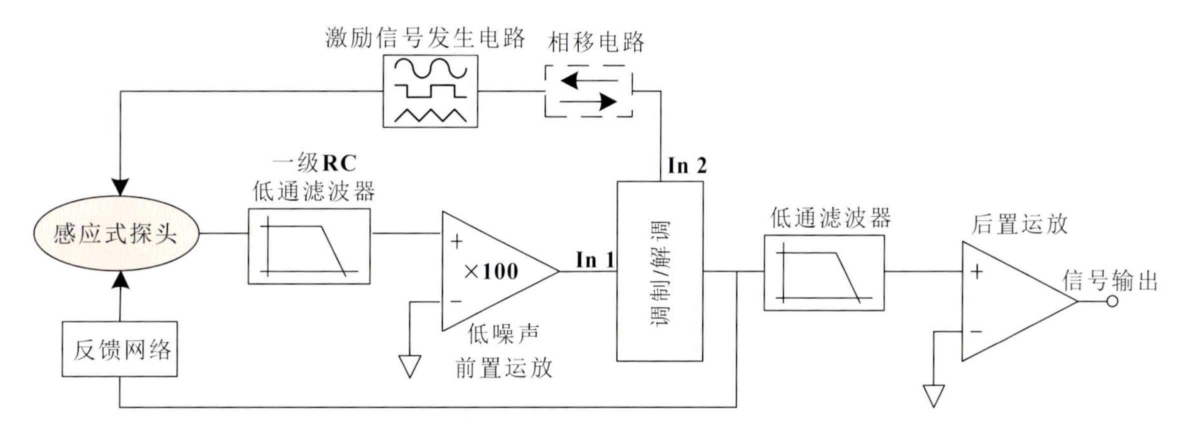

图 2.22 SCM-01 型感应式磁力仪测量电路原理框图

采用磁反馈方法，将感应信号放大后转换成电流量，利用绕在感应线圈外侧的反馈线圈产生磁场对被测磁场形成磁通负反馈，使传感器形成闭合的磁通负反馈回路，从而获得传感器在低频段的平坦的灵敏度曲线，较大地拓宽仪器的观测频带；采用经高温绝缘处理的、棒形坡莫合金高导磁率软磁材料做磁芯，使传感器的导磁系数得到很大的提高，缩小了传感器的体积、减轻了重量。信号处理单元采用调制解调（斩波器）放大器，从而获得更高的信噪比。

（2）技术特色

采用经高温绝缘处理的棒形 1J79 坡莫合金高导磁率软磁材料做磁芯，以最大限度降低涡流效应；

为了减少线圈的分布电容，提高传感器的灵敏度，线圈采用分段绕制；采用复线圈产生反馈磁通量，从而大幅拓展传感器频率响应的平坦区域；

该设备具有便携和低功耗的特点，能够网络接入、远程动态管理，实现动态组网观测，具备数据安全机制。

（3）技术指标

观测分量：*H*、*Z*、*D* 地磁场三分量变化率输出；

测量范围：−100 nT ~ 100 nT；

噪声：不大于 10 pT/ $\sqrt{\text{Hz}}$；

示值分辨力：10 pT；

频带范围：0.03 Hz ~ 10 Hz；

采样频率：30 Hz；

线性度：优于 1%；

工作环境温度：−10 ℃ ~ 40 ℃。

图 2.23　SCM–01 型感应式磁力仪

2.2.6　IGP–OPM 型光泵磁力仪

胡星星等通过与中国计量科学研究院合作，在中国地震局中国大陆综合地球物理场观测仪器研发专项项目和中国地震局地球物理研究所基本科研业务费重点专项项目“井下地磁观测技术研究”研究成果的基础上，研发了 IGP–OPM 型光泵磁力仪，并于 2022 年 11 月通过中国地震台网中心地震监测专业设备定型测试。

（1）测量原理

原子 / 离子在光源照射下，吸收光源发出的光子，其运动状态即量子态从低能级态跃迁到高能级态，这个过程可形象地描述光源将该原子 / 离子从基态抽运到高能级态。基于光抽运原理使原子 / 离子极化的过程简称为光泵，经光泵的原子 / 离子在外磁场中会发生磁共振，利用该机理测量弱磁场的磁传感器称为光泵磁传感器。

He 放电灯光泵磁传感器的结构主要由激励电路、放电灯、光学通道、吸收室、光电管、信号处理电路几部分构成。在设计上平凸透镜和双凸透镜组合而使焦距变短，更有利于放电灯发出的光线更多地会聚于吸收室和光电管；偏振片采用纳米材料颗粒涂层制成的二向色性原理的近红外偏振片，在波长 1083 nm 处的透过率为 95%，消光比达 107；$\lambda/4$ 波片采用胶合零级波片；光电管采用 InGaAs 型光电二极管，在波长 1083 nm 处灵敏度为 0.7 A/W。放电灯和吸收室的高频激励电路采用两个高频功率放大器分别独立激发，从而保证各自的终端阻抗匹配和激励功率的自由调节。放电灯制成哑铃形无电极放电灯，充气压力为 10 Torr，吸收室为圆柱形，充气压力为 2 Torr ~ 3 Torr，可以提高磁场探测灵敏度、减小体积和功耗。

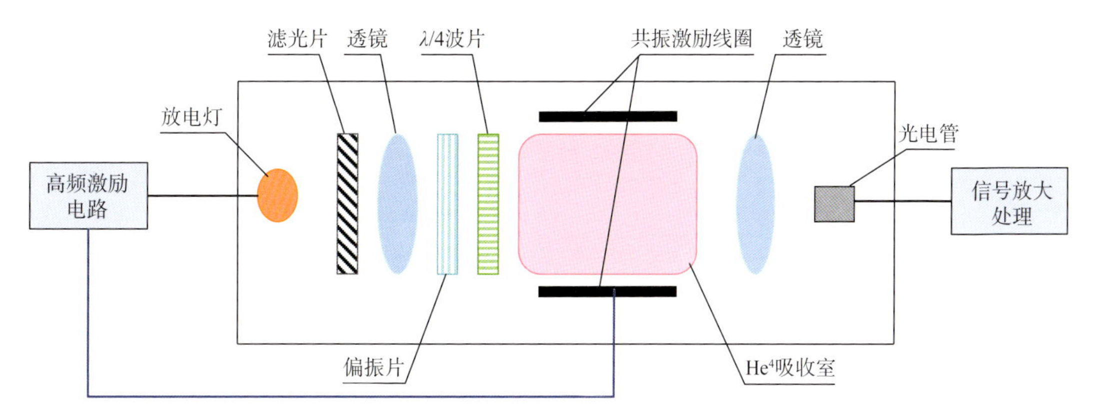

图 2.24　放电灯光泵磁传感器的基本结构

光泵磁力仪采用 DDS 数字式信号解调系统，具有跟踪锁定快、测量范围宽的特点。DDS 输出的频率范围相当于 1 μT ~ 100 μT，它可以轻易覆盖地磁场的范围；通过软件控制程序任意设置扫描范围和扫描速度，便于捕捉仪器快速跟踪测量；当仪器处于磁场跟踪锁定时，DDS 的输入数据直接反映了此时的磁场数值。

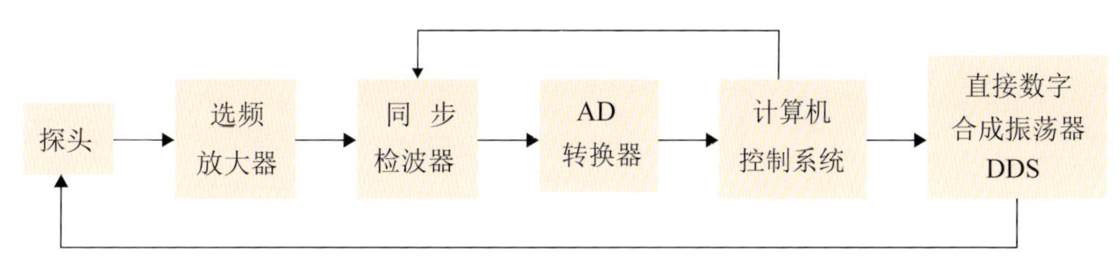

图 2.25　数字式光泵磁力仪结构图

（2）技术特色

信号调制器、移相器、辅助扫描和积分器等功能一律由计算机软件控制程序完成，使得仪器结构简洁、体积小和功耗低；

光学电路的特殊设计，使测量传感器放电灯发出的能量更多地会聚于吸收室和光电管。放电灯和吸收室具有独立的高频激励电路，保证各自终端阻抗的匹配和激励功率的自由调节。哑铃形的无电极放电灯可有效提高磁场探测的灵敏度，减小体积和功耗。

（3）技术指标

测量范围：20000 nT ~ 100000 nT；

示值分辨力：0.01 nT；

自噪声（RMS）：0.01 nT@1 Hz；

采样频率：1 Hz；

测量准确度：优于 1 nT。

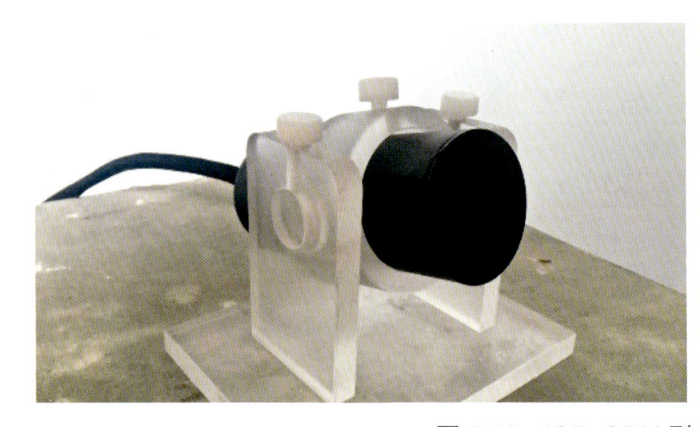

图 2.26　IGP-OPM 型光泵磁力仪

2.2.7　ZD-DI01 型自动化磁通门经纬仪

范晓勇、滕云田等研制的自动化磁通门经纬仪是具有自主知识产权的地磁偏角和倾角绝对测量仪，可以取代目前人工 DI 测量，实现地磁绝对观测全面自动化目标。该仪器由搭载磁单轴通门探头的高精度无磁二维旋转平台和控制系统组成，使用压电陶瓷电机作为驱动源，可保证测量机构的无磁性要求。

（1）测量原理

自动化磁通门经纬仪中心支架搭载有高精度磁通门传感器，其输出值是外界磁场在传感器敏感轴（磁轴）方向的投影量，当外磁场与磁轴正交时，磁通门传感器输出值为零。依据三角函数可知，磁轴与外磁场（或投影）正交

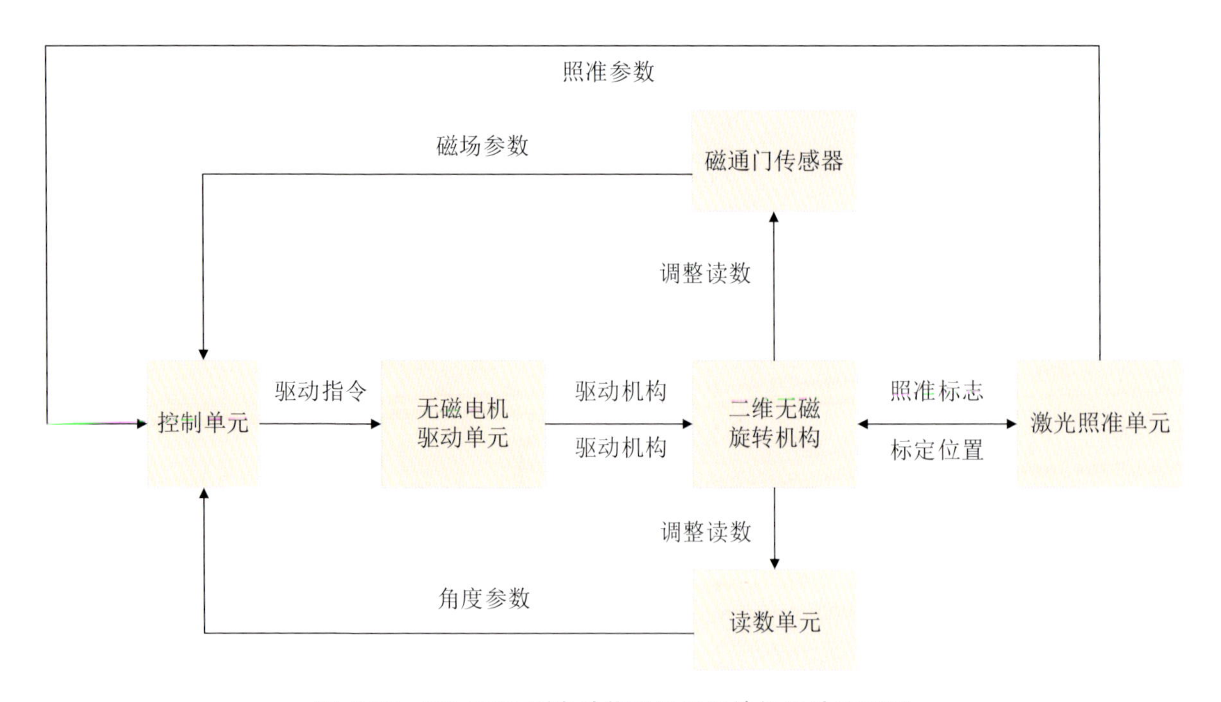

图 2.27　ZD-DI01 型自动化磁通门经纬仪设计原理图

时磁通门传感器具有最大的方向敏感性。因此，磁通门传感器在磁偏角、磁倾角测量中充当的是零场检测器，作用是寻找磁轴与地磁场正交的位置。测量时，自动化磁通门经纬仪通过多个测量位置抵消部分机构误差和安装误差，以达到更高的测量精度。

（2）技术特色

联合应用纳米级压电电机和高密度光栅码盘，实现精密二维转台角秒级无磁测控；

基于传感器输出模型和“近零测量法”提出了磁偏角和磁倾角的多参量误差补偿算法，该算法可消除横轴与磁轴的不正交误差和传感器零点偏移误差，针对测量过程中存在的电机停止误差和竖轴倾斜误差，通过补偿算法予以修正。

（3）技术指标

最大允许误差：$\Delta D \leqslant \pm 0.20'$、$\Delta I \leqslant \pm 0.20'$；

重复性：$D_B \leqslant 0.10'$、$I_B \leqslant 0.10'$；

线性度：≤ 0.3%（满量程）；

零点偏移：≤ 3 nT，± 20 nT 内可调节；

工作环境温度：0 ~ 45 ℃。

图 2.28　ZD-DI01 型自动化磁通门经纬仪

2.2.8 HY-GVM 型海洋地磁场矢量测量仪

2014 年，由珠海市泰德企业有限公司牵头，中国地震局地球物理研究所为第一技术支撑单位，联合中国地质大学（武汉）、广州海洋地质调查局、国家海洋局第二海洋研究所，承担科技部国家重大科学仪器设备开发专项项目——“海洋地磁场矢量测量仪开发与应用”，开展地磁总场传感器、地磁矢量传感器和海底磁测支撑装置研制，通过系统集成研制完成海洋地磁场矢量测量仪，实现地磁总强度以及地磁场各个分量的一体化测量，并开展深海潜标、近海浮标和海底网络 3 种海洋磁测试验，为我国海洋地磁场矢量测量提供新的技术和装备。滕云田主持完成整机设计方案，王晓美完成矢量磁测传感器研制，吴琼主持完成整机系统集成，赵旭东完成整机测试数据质量分析。

（1）测量原理

海洋地磁场矢量测量仪传感器包含“总场 + 偏置线圈”构建的 dIdD 传感器，用于测量海洋地磁场的偏角、倾角和总场；磁通门传感器，用于测量海洋地磁场的水平分量 H、垂直分量 Z 和磁偏角 D，一方面作为数据备份，另一方面用于整机定向；总控机构完成 dIdD 传感器、磁通门传感器、姿态传感器的收集，配合上位机软件，完成数据传输、设备装调监控、工作参数设置；声学释放模块完成回收船甲板单元信号收集、配重质量块体释放触发器熔断；供电电池为聚合物电池，为整机所有功能单元供电，通过合理布局最小化供电时的磁扰；支撑机构采用无磁材料构成，通过配重质量块体产生下沉力，熔断后整机自身可提供 2 倍于自重的起拔力快速上浮。最后通过浮球空间配置优化、电源管理优化和深海潜标、浅海浮标和海底网络多模式支撑设计，完成整机系统集成与构建。

图 2.29　HY-GVM 型海洋地磁场矢量测量仪整机构成

（2）技术特色

集成 OVERHAUSER 效应地磁总强度传感器、dIdD 地磁矢量传感器、磁通门传感器，实现地磁总强度以及地磁场各个分量的一体化测量；

具有深海潜标、近海浮标和海底网络 3 种海洋磁测模式；

依据 Biot-Savart 定律和磁场叠加原理，最小化地磁矢量传感器体积，实现在有限的浮球空间内安装运行；

通过微晶玻璃和配重质量块体，在保证整机下沉力和起拔力需求的同时，最小化整机体积；

通过浮球空间的优化配置、电源优化管理方案设计和多观测模式支撑设计，设计科学可行的整机系统集成方案，解决磁测仪器性能与耐压密封仪器舱空间的矛盾；

基于聚合物电池及合理的电池模块排列方案，解决整机海底自融式连续工作 6 个月的供电能力，源自电池的磁扰可降低到 0.1 nT 以内，不影响整机正常工作时的数据质量。

（3）技术指标

总场分辨率：0.01 nT；

分量分辨率：0.2 nT；

工作水深：≥ 4500 m；

分量测量精度：优于 1 nT；

总场测量精度：优于 0.2 nT；

采样频率：秒、分可调；

观测模式：海底网络、浮标、潜标 3 种。

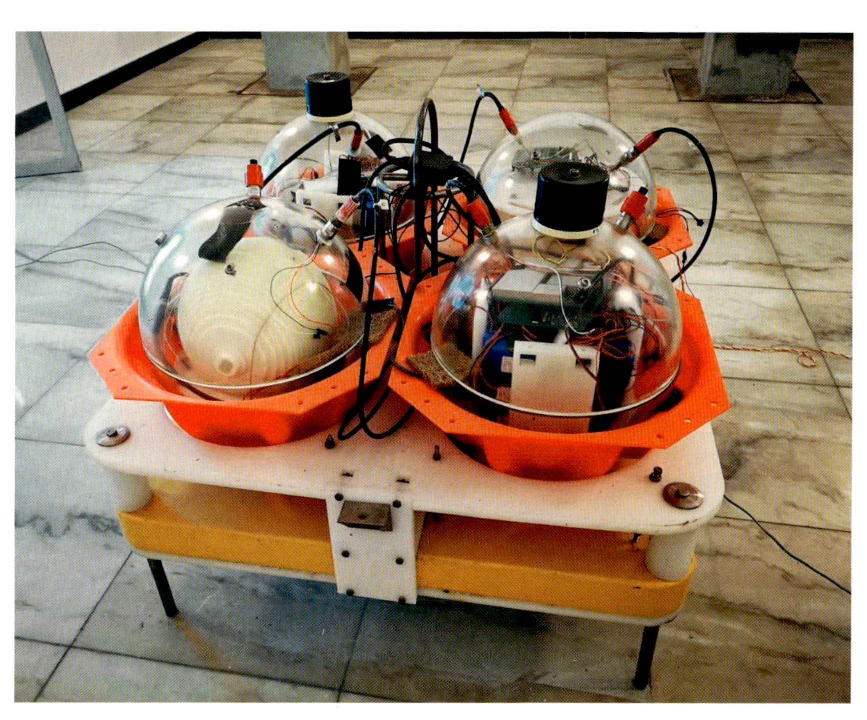

图 2.30　HY-GVM 型海洋地磁场矢量测量仪

2.2.9 GEO-DI01 型磁通门地磁经纬仪

范晓勇、滕云田、周勋等研制的 GEO-DI01 型磁通门地磁经纬仪是具有自主知识产权的地磁偏角和倾角绝对测量仪，可完成地磁偏角和倾角测量，满足我国地磁台网以及野外流磁测量需求。该仪器由单轴磁通门强力仪和无磁经纬仪组成。

（1）测量原理

磁通门传感器具有极好的矢量响应性，只有传感器磁轴方向上的地磁场分量才能使传感器产生感应电动势，当传感器的磁轴方向与地磁场矢量方向处于正交位置时，地磁场矢量在磁轴上的投影为零，磁通门检测系统显示为零值。磁通门地磁经纬仪正是利用这一特点，在测量过程中，利用无磁经纬仪提供的水平度盘和垂直度盘读数

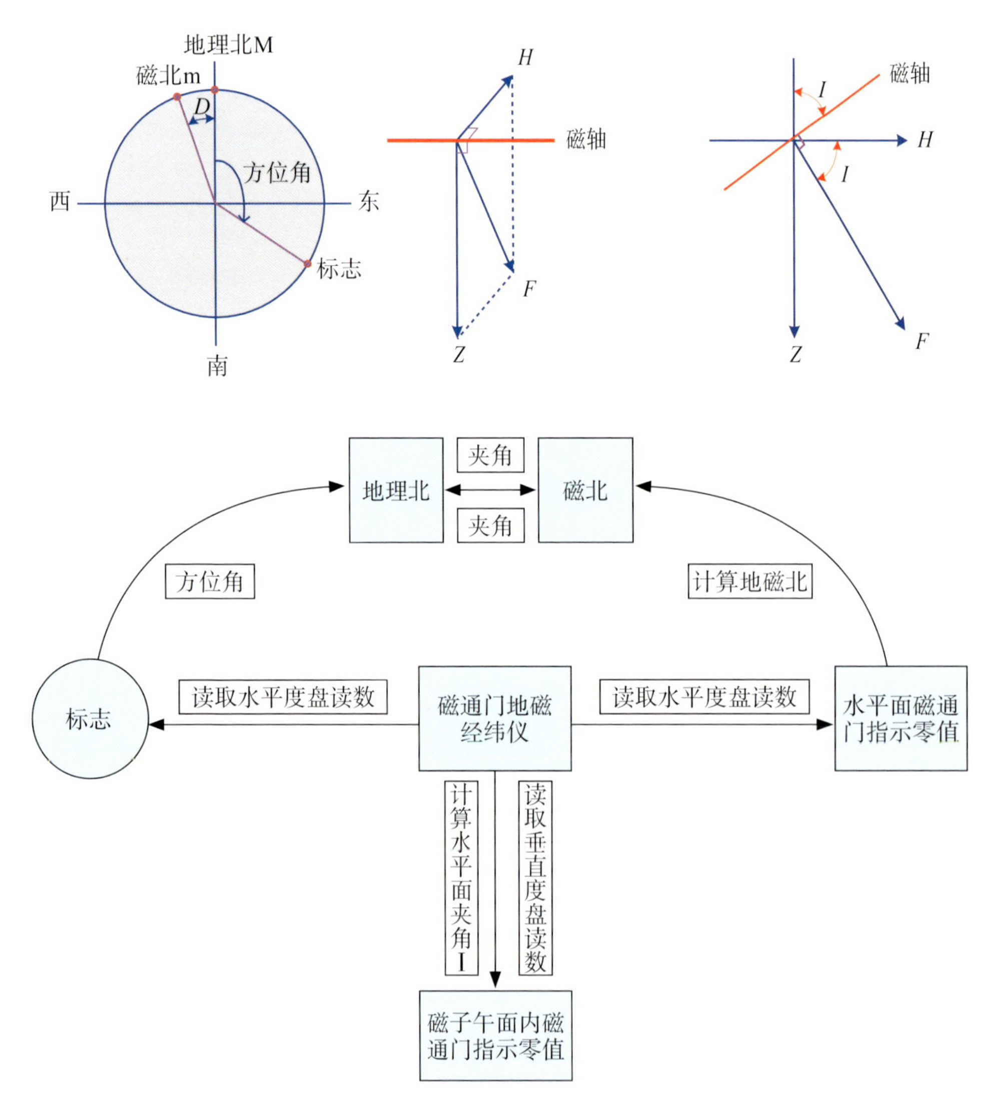

图 2.31 GEO-DI01 型磁通门地磁经纬仪设计原理图

来确定磁轴的空间方向，进而换算出地磁场矢量的空间方向和地磁场角度要素。磁偏角 D 的定义是磁北方向与地理北方向的夹角，这是一个水平面内的夹角；磁倾角 I 的定义是地磁场总强度 F 与水平强度 H 的夹角，这是一个在磁子午面内的夹角。

（2）技术特色

采用跑道型磁通门传感器设计，保证对称性，感应电动势的基波分量相互抵消，同时具有良好的指向性；

经纬仪的无磁化改造过程中，采用了陶瓷、钛合金等材料，既保证了无磁性，又保证了耐磨性。

（3）技术指标

最大允许误差：$\Delta D \leqslant \pm 0.20'$ 、$\Delta I \leqslant \pm 0.20'$；

重复性：$D_B \leqslant 2''$、$I_B \leqslant 2''$；

线性度：≤ 0.3%（满量程）;

零点偏移：≤ 3 nT，±20 nT 内可调节；

望远镜放大倍数：30×；

读数带尺分划值：1″；

工作环境温度：0 ~ 45 ℃。

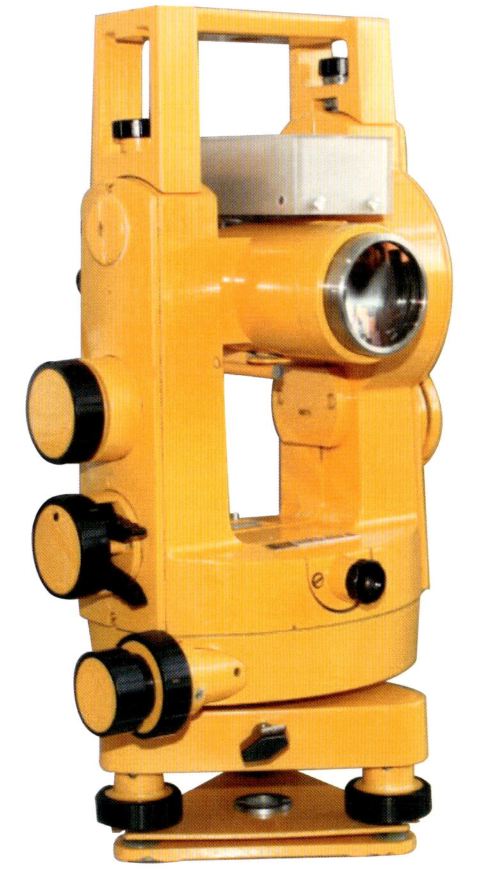

图 2.32　GEO-DI01 型磁通门地磁经纬仪

2.3 重力观测仪器

2.3.1 Tide-005 型高精度绝对重力仪

自 2010 年开始，在中国地震局地球物理研究所 2010 年基本科研业务费重点专项项目和科技部 2012 年国家重大科学仪器设备开发专项项目的资助下，滕云田、吴琼等研制成功 Tide-005 高精度绝对重力仪。该仪器利用碘稳频激光器激光波长和铷原子频标为整机提供时间和长度基准，通过激光干涉测量自由落体轨迹，实现重力场绝对值测量。在云南省丽江地震台，通过与美国 FG5 型绝对重力仪连续 10 d 的同期同址对比观测，确定该仪器测量示值偏差为 3.7 μGal，测量精度为 1.8 μGal。

（1）测量原理

Tide-005 高精度绝对重力仪采用激光干涉测量原理，基于变型设计的迈克尔逊干涉仪完成真空环境中落体自由下落时间位移的测量，采用最小二乘拟合算法，计算得到落体单次下落测量的重力加速度绝对值。长度和时间基准分别由碘稳频激光波长和铷原子时间频率标准提供；设计可在大气条件下完成落体光心质心不重合度调整测试机构，完成高精度落体设计与装配；基于神经网络算法设计干涉信号过零信息提取算法；振动干扰采用硬件隔

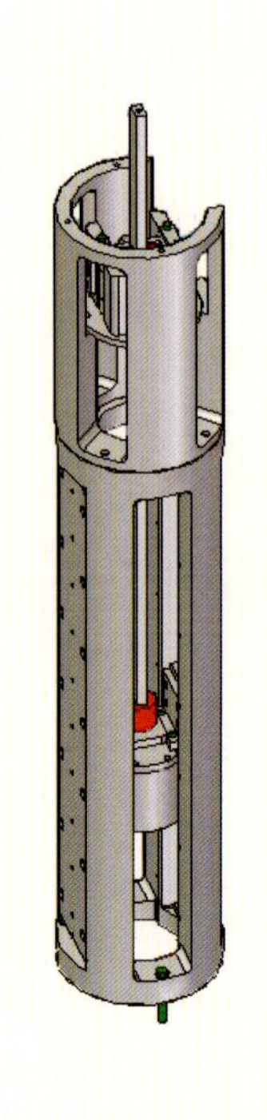

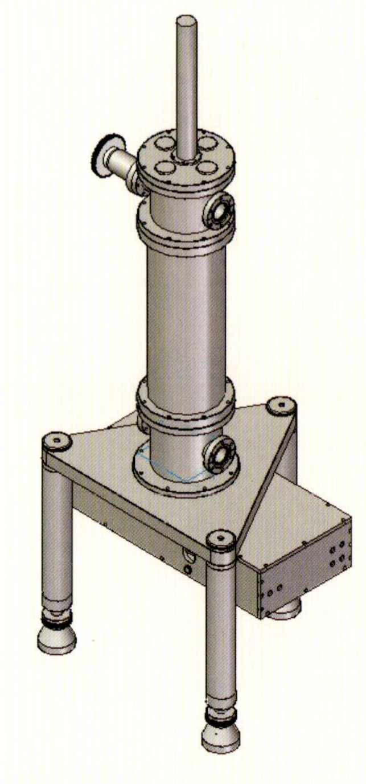

图 2.33　Tide-005 型高精度绝对重力仪总体设计（左图为落体伺服控制机构，右图为整机设计）

振 + 算法补偿的模式完成，其中隔振装置为自振周期优于 5″ 的长周期惯性悬挂装置，补偿算法采用基于遗传算法的全局优化算法；测量机构包含导向机构和驱动机构，其中导向机构采用双导轨导向，齿轮齿条完成落体及托架的驱动，实现整机超静音运行。

（2）技术特色

采用激光干涉原理，技术成熟度高，溯源关系明确；

首次提出以“硬件隔振 + 算法补偿”的振动干扰处理思路来替代传统的机械隔振机构，基于遗传算法开发高效的振动误差补偿算法，实现振动误差补偿准确度优于 2 μGal，并成功应用于整机测量；

基于落体伺服控制机构的驱动导向独立设计思路，保障落体及托架的导向精度和驱动精度，实现整机超静音运行。

（3）技术指标

示值偏差：优于 ± 5 μGal；

精度：优于 3 μGal；

测量单元：Φ500 mm × H1300 mm，40 kg；

工作环境温度：10 ℃ ~ 30 ℃。

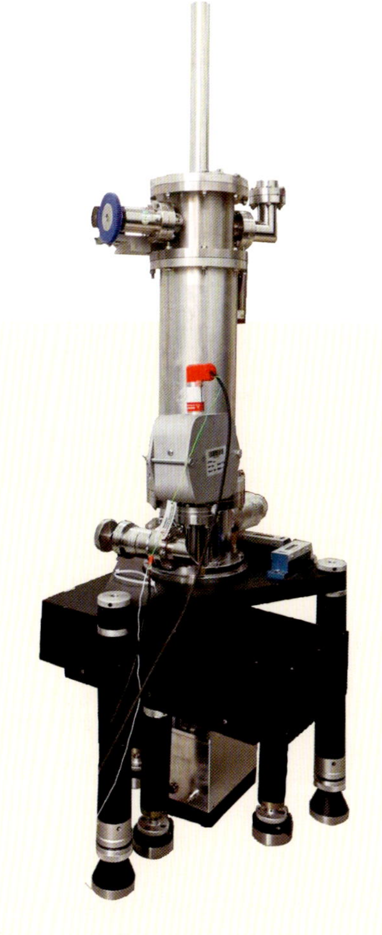

图 2.34　Tide-005 型高精度绝对重力仪

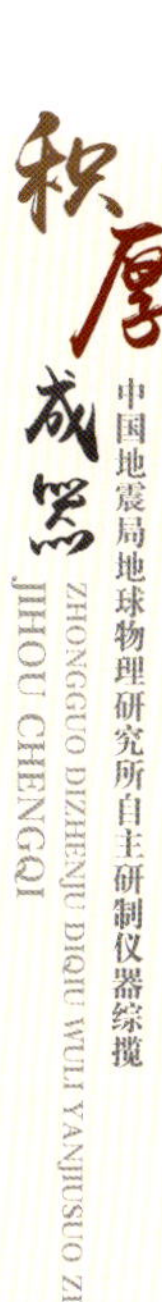

2.3.2 Tide-010 型超小型绝对重力仪

2020 年，在国家重点研发专项项目——“新型地震仪器研制”的支持下，吴琼、滕云田等研制成功 Tide-010 超小型绝对重力仪。该仪器在目前同等测量精度的绝对重力仪产品中，质量最轻、体积最小。经过中国计量科学研究院测定，其测量准确度优于 10 μGal，测量精度优于 5 μGal。

（1）测量原理

Tide-010 型超小型绝对重力仪采用激光干涉测量原理，基于变型设计的迈克尔逊干涉仪完成对真空环境中落体自由下落时间位移的测量，采用最小二乘拟合算法，计算得到落体单次下落测量的重力加速度绝对值。单次测量结果依据同步测量的振动曲线，基于全局优化算法完成振动修正，获得高精度绝对重力加速度测量值。

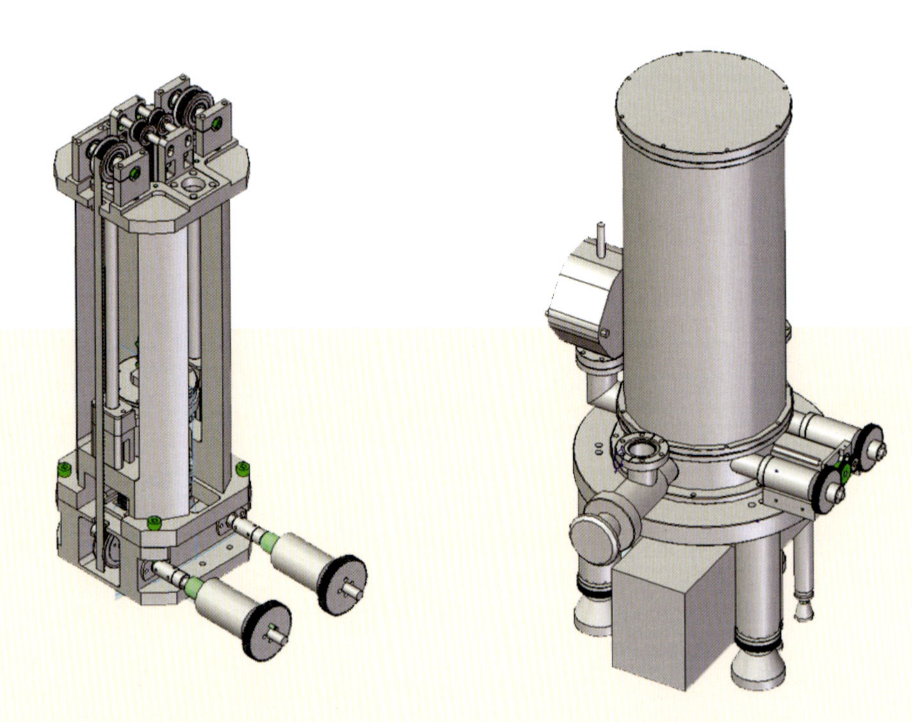

图 2.35　Tide-010 型超小型绝对重力仪结构设计（左图为落体伺服控制机构，右图为整机设计）

（2）技术特色

干涉测量与激光波形整形功能独立设计，采用单模保偏光纤完成测量光束传输，大幅减小干涉测量体积；

采用落体轨迹波形与振动信号并行同步测量，基于全波形处理的幅度与相位实时修正技术，在加速度量纲下进行振动干扰补偿，替代传统的机械隔振装置；

利用人工智能异常值检测算法和加权平均算法，实现了高测量精度；

整机在同等测量精度的仪器中，体积最小，质量最轻，完全具有自主知识产权，性能达到国际先进水平；在环境温湿度保证的条件下，具有连续观测工作能力，满足流动与固定台站的绝对重力观测需求。

（3）技术指标

准确度：优于 ±10 μGal；

精度：优于 5 μGal；

测量单元：*Φ*350 mm × *H*800 mm，24 kg；

工作环境温度：10 ℃ ~ 40 ℃。

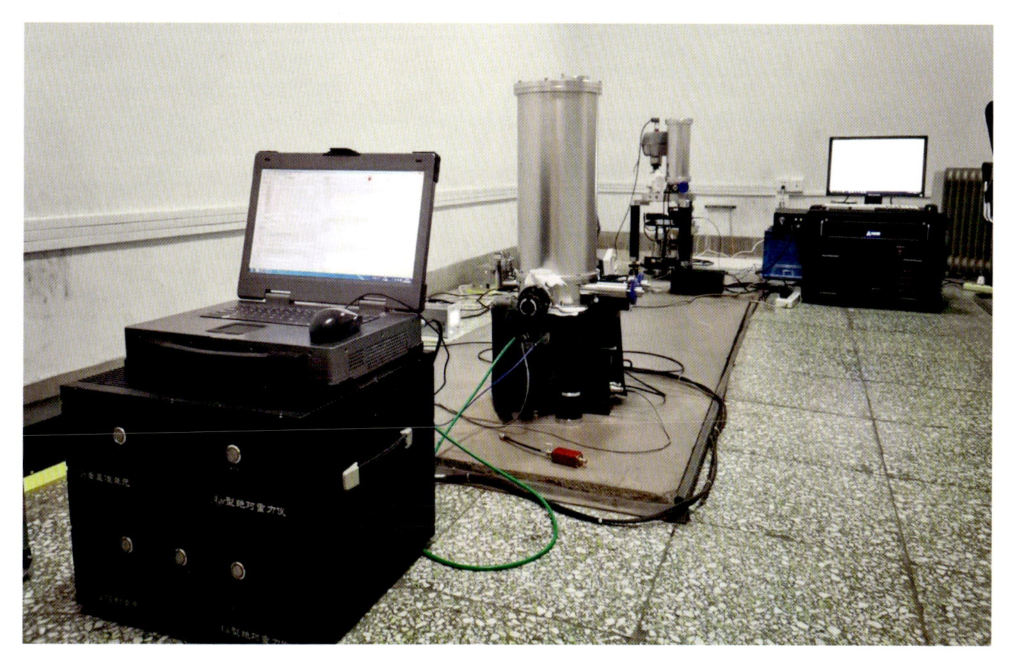

图 2.36　Tide-010 型超小型绝对重力仪

2.4　采集、记录和传输装备

2.4.1　DR150 型大动态范围数据采集器

在国家自然科学基金青年基金“宽动态地震数据采集方法和技术研究 41304142”和国家重点研发计划“强震动观测仪器装备研究 2019YFC1509502”的资助下，胡星星研发了动态范围不小于 150 dB@100 Hz 的地震数据采集器。

（1）测量原理

由于现有 24 位或 32 位高精度 ADC 动态范围最大只有 135 dB@50 Hz，为实现 150 dB@100 Hz 的项目研制目标，研究团队提出了分幅采集方法，即采用现有的高精度 24 位模数转换芯片 ADC，将输入信号采用多通道并行采集，通过设置每通道不同的放大或衰减系数，使各通道具有不同的分辨力和测量范围，根据输入信号幅度大小进行各通道转换结果的选择，拟合成 32 位既具有对小信号的高分辨力又具有大量程的输出，即实现了大动态范围的模数转换。

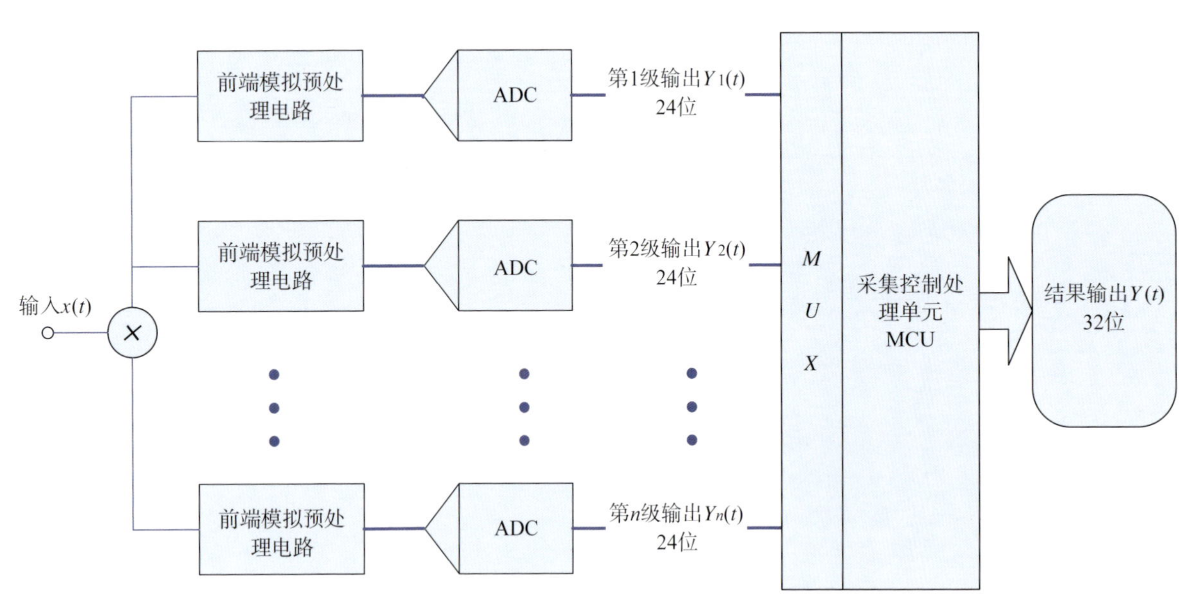

图 2.37　DR150 型大动态范围模数转换实现原理框图

（2）技术特色

采用通用高精度 ADC 器件；

实现不小于 150 dB 的大动态范围。

（3）技术指标

测量范围：± 20 V；

噪声：0.2 μV@100 Hz 采样频率（RMS）；

动态范围：不小于 150 dB；

采样频率：50 Hz、100 Hz、200 Hz、1000 Hz；

频率范围：DC ～ 80 Hz@200 Hz；

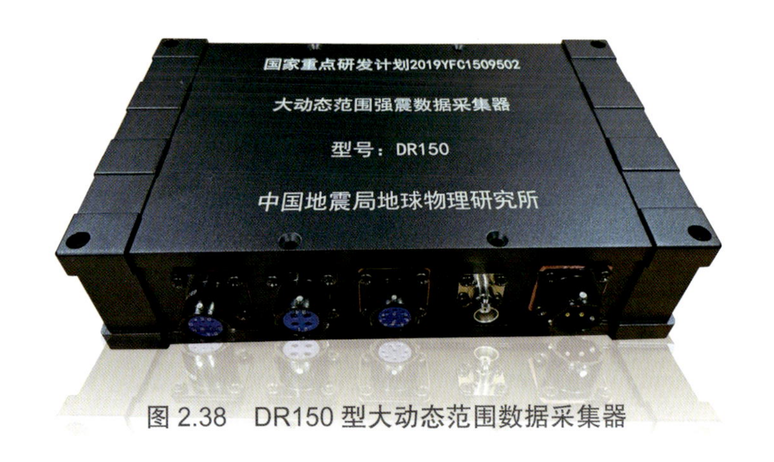

图 2.38　DR150 型大动态范围数据采集器

校时：GPS/ 北斗；

存储：32 GB；

传输：网络。

2.4.2 GA32-03 型 3 通道高精度地震动数据采集器

在中国地震局地球物理研究所基本科研业务费项目“力平衡加速度传感网络技术研究”支持下，李彩华、滕云田等研制成功 GA32-03 型 3 通道高精度地震动数据采集器。该地震动数据采集器是同类型产品中体积最小、质量最轻、使用方便的便携式采集器。其测量范围达到 ±10 V、动态范围 140 dB、采样频率 1 Hz ~ 1200 Hz 程控可选、存储空间达 128 GB、支持触发存储及触发报警。

（1）测量原理

GA32-03 型 3 通道高精度地震动数据采集器采用高精度排阻、低温度系数的电容等元件设计 3 路并行前置放大电路，并以高精度 sigma-delta 型 32 位模数转换器同步完成 3 路模拟电压信号到数字信号转换，且内部嵌入高阻带衰减率的数字滤波器进行不同带宽数字滤波；该地震动数据采集器以高速低功耗 ARM 控制器作为 CPU 管理内部高精度晶振、日历时钟模块、GPS/BDS 授时模块、大容量 TF 卡存储器、触发计算及报警、网络通信、历史数据管理等多种功能模块，完成 3 通道电压信号的高精度测量、时钟授时、数据存储与管理、远程数据传输及管理等多种功能。

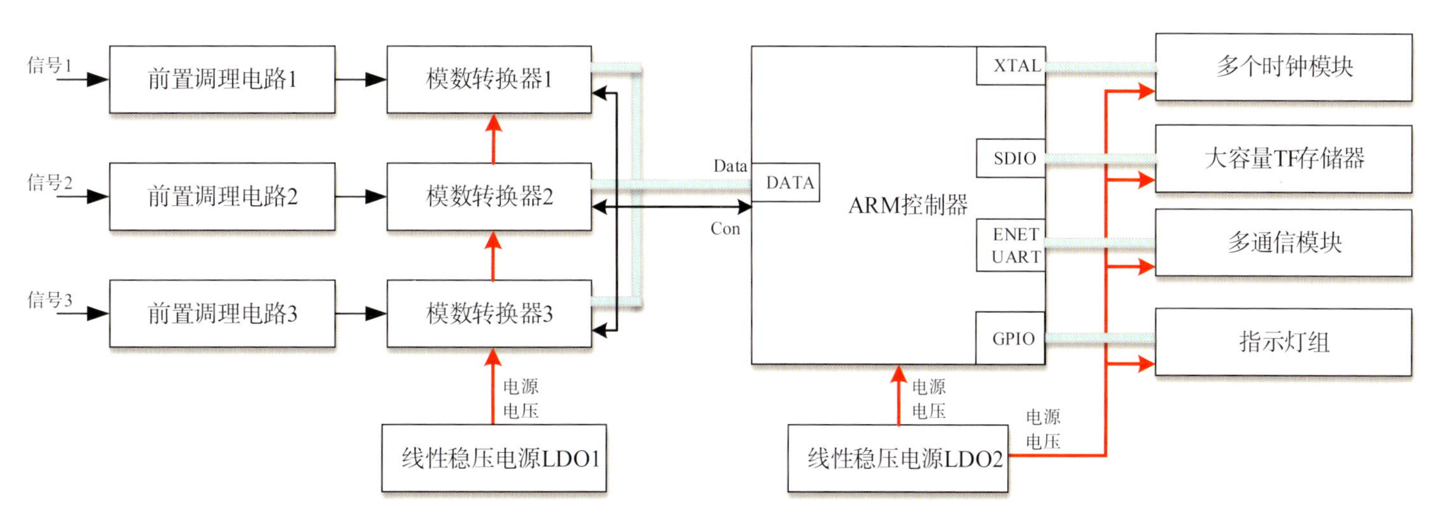

图 2.39 GA32-03 型 3 通道高精度地震动数据采集器设计原理

（2）技术特色

采用精密电子元件和多种电路模块高度集成设计，在简单原理基础上研制出测量精度高、技术指标好、抗干

扰能力强、性能稳定的高精度地震动数据采集器。该采集器整机体积小，重量轻，具有完全自主知识产权，功能指标达到国际先进水平。

采用高速低功耗 ARM 芯片作为核心控制器，通过 ARM 的多种接口扩展集成了高精度压控晶振、GPS/BDS 授时模块、大容量存储模块、网络通信模块、低压差线性电源模块等；并且通过多线程程序管理技术设计完成了授时时钟管理、实时数据存储、历史数据管理、实时触发计算处理、网络通信管理、采集器参数设置、状态数据读取、实时数据显示等程序代码。该采集器命令响应速度快、实时性好、运行稳定。

采用 Visual C# 语言设计的数据采集管理软件，程序界面简洁、可设置参数少、操作简单，波形显示所见即所得，是一款用户友好型高精度地震动数据采集器。

（3）技术指标

通道数：三通道完全同步；

测量范围：± 10 V、± 5 V、± 2.5 V、± 1.25 V、± 0.625 V 程控可选；

采样频率：50 Hz、100 Hz、200 Hz、400 Hz、1200 Hz 程控可选；

动态范围：优于 130 dB（时域计算）(0.1 Hz ～ 40 Hz@100 Hz)；

优于 140 dB（频域计算）(0.1 Hz ～ 40 Hz@100 Hz)；

存储模式：支持连续存储、触发存储，触发存储模式包含短长比、短长差 2 种，每通道触发值、权重（票数）均可单独设置，每通道触发特征函数可选，总触发权重可设置；

存储空间：128 GB TF 卡，200 Hz 连续采样可存储数据 1.5 年及以上；

时钟源：内部高精度压控晶振、GPS/BDS 授时模块，2 种时钟可选；

数据传输：支持实时数据流（最小时延、实时显示震动波形最大值、最小值、峰峰值、噪声均方根值等相关信息），支持历史记录传输，支持触发记录传输，支持断点自动续传，支持多点并发传输；

组网方式：支持路由器组网、外置 3 G/4 G/5 G 模块组网、云平台组网；

远程监控：参数设置、状态监控、重启采集等；

电源：DC 9 V ～ 24 V。

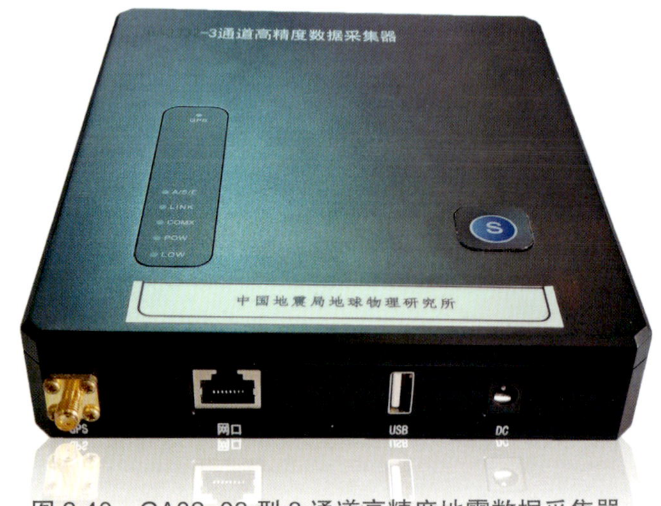

图 2.40　GA32-03 型 3 通道高精度地震数据采集器

2.4.3 GA24–08 型多通道高精度地震动数据采集器

李彩华等研制成功 GA24–08 型 8 通道（16 通道）高精度数据采集器。该数据采集器适合多通道、高速度、高精度的振动、噪声、冲击、应变、压力、电压等各种物理量信号采集，其测量范围达到 ± 10 V、采样频率 1 Hz ~ 500 Hz、动态范围达到 130 dB。该数据采集器体积小、质量轻、使用方便，多台数据采集器可并行使用快速组成大型结构振动监测系统。

（1）测量原理

GA24–08 型 8 通道高精度数据采集器采用高精度低温度系数的阻容元件设计多路并行前置调理电路，并以高速 sigma–delta 型 24 位模数转换器同步完成多路模拟电压信号到数字信号转换；并且以高速低功耗 ARM 控制器作为 CPU 完成多路数据数字滤波、触发判断及各种计算处理等工作，通过网络端口以 TCP/IP 协议或 UDP 协议等对数据进行本地传输或远程传输。

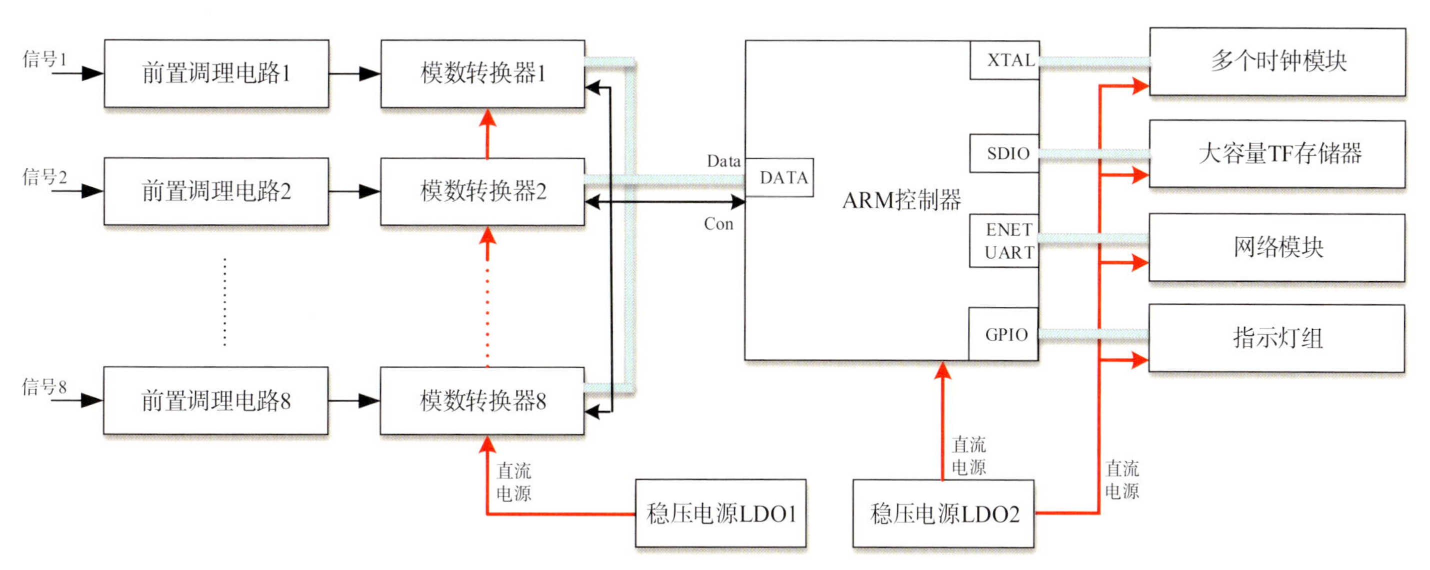

图 2.41 GA24–08 型 8 通道高精度数据采集器设计原理

（2）技术特色

采用精密电子元件和多种电路模块高度集成设计，在简单原理基础上研制出测量精度高、技术指标好、抗干扰能力强、性能稳定的多通道数据采集器。该采集器整机体积小、重量轻，具有完全自主知识产权，功能指标达到国际先进水平。

采用多种授时模式，支持内部时钟模块、本地电脑授时和 NTP 网络授时；采用 1 台支持 NTP 网络授时的 GPS 时钟可为多台数据采集器授时，便于工程现场组网。

采用 ACQ 数据采集管理软件，支持 1 个工程中添加多个数据采集器，实现 1 个工程项目中多通道振动监测数据的统一管理。

（3）技术指标

采集通道：8 通道（或 16 通道），可扩展；

AD 转换器：24 bits；

动态范围：130 dB（时域计算）(0.1 Hz ～ 40 Hz@100 Hz)；

采样频率：1 Hz、10 Hz、50 Hz、100 Hz、200 Hz、500 Hz；

频率响应：0.5 Hz、5 Hz、22 Hz、45 Hz、90 Hz、240 Hz；

输入信号范围：± 10 V、± 5 V、± 2.5 V、± 1.25 V；

时钟精度：≤ 1 PPM；

时钟服务：本地授时、NTP 网络授时；

通信模式：UDP、TCP、服务器（云)；

工作电源：DC 9 V ～ 36 V@3 A；

体积：*L*240 mm × *W*230 mm × *H*40 mm。

图 2.42　GA24-08 型 8 通道高精度数据采集器

2.4.4 地球物理台网业务管理系统

“中国地震前兆台网数据管理系统”是中国地震局“十五”数字地震观测网络项目前兆台网分项的一项重要成果，是在全国台网组网架构设计和业务规范设计基础上开发成功的前兆监测业务信息化管理软件，实现了全国前兆台网所有观测仪器、观测站点的动态组网观测，以及数据采集、数据交换、数据管理、数据服务、系统监控及系统管理等业务功能，是全国地震前兆台网运行的核心枢纽。目前该系统部署在全国245个台站节点、36个区域前兆台网中心节点、5个学科台网中心节点、1个国家前兆台网中心节点并稳定运行，监控管理全国1000多个站点、3000多台套观测仪器。它是我国第一套全国应用部署的前兆台网运行监控业务专用管理系统。

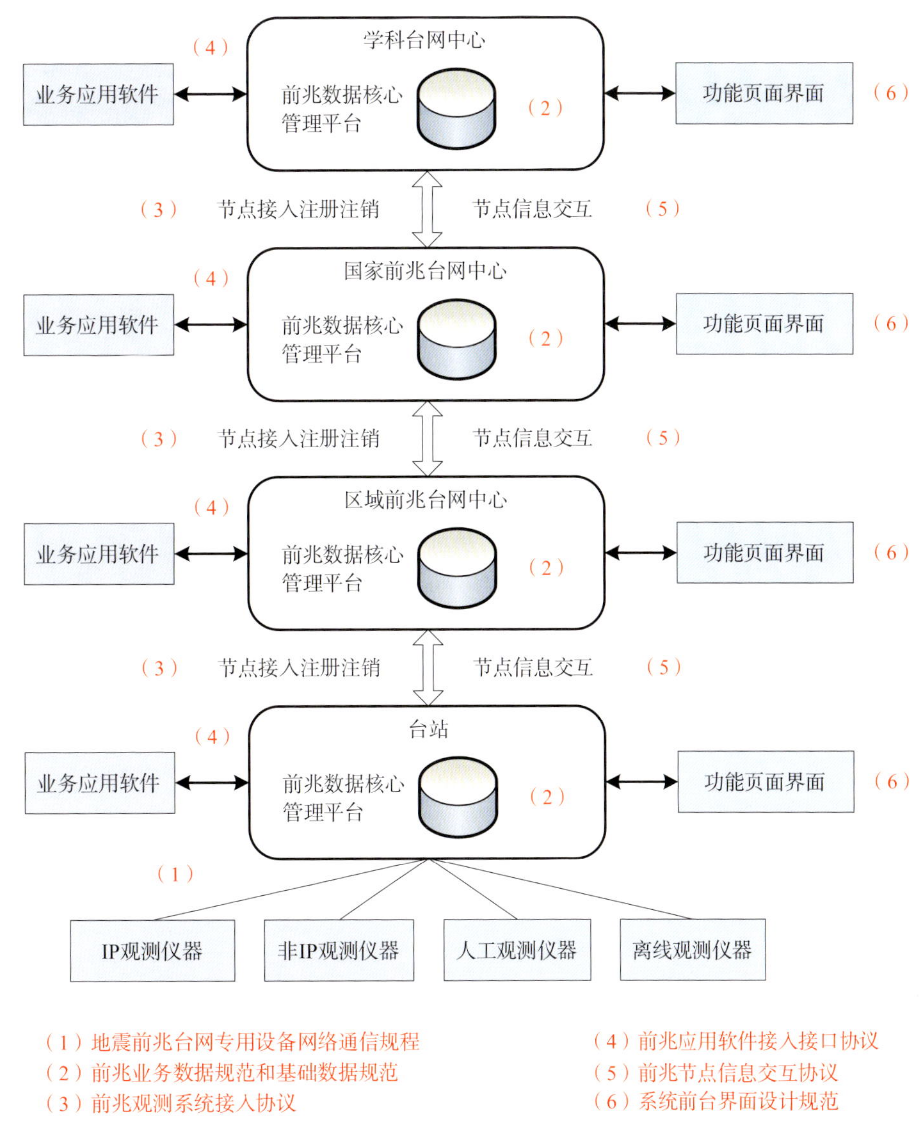

图2.43 中国地震前兆台网数据管理系统（一）

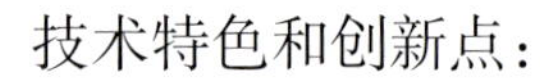

技术特色和创新点：

（1）开创性地设计了基于物联网技术与分布式策略的前兆台网组网架构，并在地学观测领域首次践行 IP 到仪器动态组网观测，将全国所有观测站点、所有观测仪器及流动观测系统纳入统一监控管理，使前兆观测迈向网络化、信息化新时代。

（2）基于现代信息管理系统的规范化设计理念，系统地开展仪器组网协议、业务数据规范、观测系统接入协议、节点信息交互规范、应用软件接口规范、前台界面设计规范等设计，实现整个前兆台网全国统一的规范化管理，彻底改变原来标准多样、数据格式不统一、各种不同业务应用系统无法有效连接等状态。

（3）首次研发成功前兆运行业务信息化管理系统，并部署全国各级节点，实现数据采集、数据交换、数据服务、运行监控和系统管理等业务功能的自动化、信息化，彻底摒弃传统的人工作业方式，使前兆观测运行的业务工作方式发生革命性变化。

（4）将最新的“面向服务的体系架构”技术与前兆观测业务融合，将信息学科的最前沿应用技术引入前兆台网管理系统开发中，实现前兆观测系统的高效率、高可靠、高扩展性与高安全性，体现出地震专用软件设计与开发的新水平。

（5）将功能健全性与健壮性设计并重，全面进行各个环节的容错性设计，特别是针对系统掉电、服务器宕机、网络中断这三类极端灾难情况的恢复设计，这是传统地学应用软件所不具有的特色，体现出本管理系统优良的运行稳定性。

图 2.44　中国地震前兆台网数据管理系统（二）

参考文献

[1] 吴燕雄，滕云田，吴琼，等．船载绝对重力仪测量系统的误差修正模型及不确定度分析 [J]. 武汉大学学报．信息科学版，2022，47(4)：492-500.

[2] HU X X, WANG X Z, CHEN B, et al. Improved resolution and cost performance of low-cost MEMS seismic sensor through parallel acquisition[J]. Sensors, 2021, 21(23): 7970-7988.

[3] 何朝博，滕云田，胡星星．光泵磁力仪频率信号高精度测定技术实现 [J]. 地震学报，2021，43(2)：245-254.

[4] SHEN X Y, TENG Y T, HU X X. Design of a low-cost small-size fluxgate sensor[J]. Sensors, 2021, 21(19): 6598.

[5] WU Q, TENG Y T, WANG X M, et al. Vibration error compensation algorithm in the development of laser interference absolute gravimeters[J]. Geosci. Instrum. Method. Data Syst., 2021, 10, 113-122.

[6] WANG X M, TENG Y T, FAN X Y, et al. Design of a suspended high-stability fluxgate sensor[J]. Measurement Science & Technology, 2021, 32: 065101.

[7] 薛兵．关于地震观测系统中滤波器的讨论 [J]. 地震，2021，41(1)：40-50.

[8] 张旸，吴琼，滕云田，等．激光干涉绝对重力仪数据采集与处理的时间优化方法 [J]. 仪器仪表学报，2021，42(8)：130-136.

[9] 张策，滕云田，张涛，等．自动磁通门经纬仪多参量误差补偿算法 [J]. 仪器仪表学报，2020，41(6)：85-93.

[10] 范晓勇，张涛，张策，等．国产自动化磁通门经纬仪研制 [J]. 地震地磁观测与研究，2018，39(5)：172-177.

[11] 张涛，张策，滕云田，等．地磁偏角倾角绝对测量技术发展现状综述 [J]. 仪器仪表学报，2018，8(39)：80-90.

[12] LI C H, TENG Y T, LI X J. Design of network force balanced accelerometer[C]// 2017 2nd International Conference on Frontiers of Sensors Technologies. 2017, 4：40-44.

[13] 张兵，滕云田，邢丽莉，等．激光干涉绝对重力仪参考棱镜隔振系统仿真 [J]. 地球物理学报，2017，60(11)：4221-4230.

[14] CONTEL O L, LEROY P, ROUX A, et al. The Search-Coil Magnetometer for MMS[J]. Space Science Reviews, 2016, 199(1): 257-282.

[15] 滕云田，胡星星，王喜珍，等．用多通道 AD 分级扩展采集扩展地震数据采集器的动态范围 [J]. 地球物理学报，2016，59(4)：1435-1445.

[16] 李彩华，滕云田，张旸．FFT 及基于 DFT 的数据积分恢复算法在地震数据采集器幅频特性测试中的应用 [J]. 地震学报．2014，36(5)：956-963.

[17] 滕云田，吴琼，郭有光，等 . 基于激光干涉的新型高精度绝对重力仪 [J]. 地球物理学进展，2013，28(4)：2141-2147.

[18] 范晓勇，滕云田，周勋，等 . 磁通门经纬仪磁传感器的研制 [J]. 地震地磁观测与研究，2012，33(1)：81-87.

[19] 王晓美，滕云田，王晨，等 . 磁通门磁力仪野外台阵观测技术系统研制 [J]. 地震学报，2012，34(3)：389-396.

[20] 吴琼，王喜珍，杨冬梅，等 . FHDZ-M15 地磁组合观测系统 OVERHAUSER 探头对 FGE 探头的影响初探 [J]. 地震地磁观测与研究，2008，29(6)：161-170.

[21] 滕云田，张炼，周鹤鸣，等 . 一种地震动流动观测数据采集器 [J]. 地震学报，2001，23(5)：558-561.

[22] 郑重，滕云田，周鹤鸣 . BKD-2 型反馈式宽频带地震计传递函数分析 [J]. 地震地磁观测与研究，2001，22(3)：7-12.

[23] 王家行，胡振荣 . SLJ 型宽频带大动态力平衡三分向加速度计的设计与研制 [J]. 地震地磁观测与研究，1997，18(5)：51-57.

[24] 中国地震局地球物理研究所 . 中国地震局地球物理研究所地震监测志 [M]. 北京：地震出版社，2006.